猪変《いへん》

中国新聞取材班 編

本の雑誌社

二頭並んで、瀬戸内海を泳ぐイノシシ（呉海上保安部提供）

夜な夜なミカン畑に出没

間引かれ、打ち捨てられたスイカを狙うウリ坊

捕獲の道具として普及が進む箱わな

猟による捕獲頭数も増加している

狩猟のターゲットとしてイノシシは人気がある（フランス）

クラブハウスには解体作業場が備わっている（フランス）

防護柵をまたいで畑仕事に向かう（広島県呉市）

しまなみ海道・生口島のサイクリングロードの看板（広島県尾道市）

人とイノシシが行き交う、横断歩道の奇妙な共存（兵庫県神戸市）

刈り入れ間近の稲もなぎ倒された（島根県浜田市）

猪変

写真　山本　誉（中国新聞社）
装丁　金子哲郎

はじめに

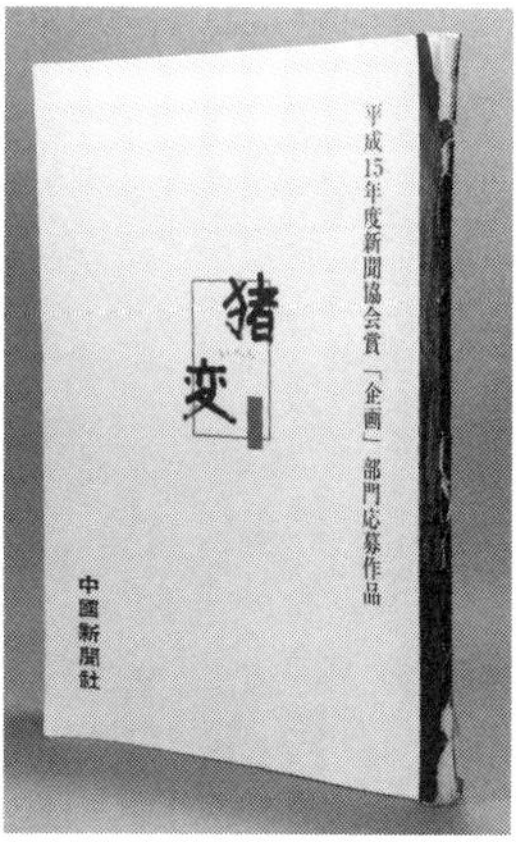

この本は、新聞記事を元に仕上がっている。中国地方を主な発行エリアとする地方紙、中国新聞（中国新聞社、本社・広島市）が二〇〇二（平成十四）年十二月からほぼ半年にわたり、その朝刊紙面で連載した企画報道「猪変」である。

同時に二〇〇三年度新聞協会賞の候補作でもあった。選には漏れたのだが、取材班にとって忘れられないエピソードがある。

東京での選考会から戻った当時の編集局長が「これを見てごらん」と、大判の冊子の山を指さした。私たちの連載すべてを綴じ合わせた大冊で、選考委員たちの元から返ってきたものだった。見ると、背の部分に張った黒地のテープがどれも、ところどころ裂けている。中には半分ほど、はがれかかっているものまであった。

「これは勲章だよ。どの候補作よりぼろぼろだった。もちろん受賞作よりもな」

おしまいのひと言はさすがに勇み足というか、負け惜しみのきらいもあるのだが、それほど何度も読み返してくれた証拠だと慰めたかったのだろう。

あれから十年余り。異動や引っ越しで転々としながらも、「勲章」を手元に置いてきた。いつか続編を書いてみたいとも思っていたからである。「新聞は、次の日にはもう旧聞。単なる新聞紙だ」と時々、からかわれる。野菜や生ごみをくるむ役に立てるのは、別に悪いことではない。それでもひと昔以上も前のシリーズが、今回のように書籍という別のメディアで日の目を見ようとは考えてもみなかった。

私たち取材班を気遣ってくれた、あの上司は既にこの世にいない。今回の出版も、一緒になって喜んでくれたろうにと思うと、こみ上げてくるものがある。

前置きが長くなった。新たな読者のためにも、「猪変」の連載をめぐる当時の状況について振り返っておきたい。

すべての始まりは、後に取材班に入る記者が小耳に挟んだ話だった。

「海を泳いで、島に渡るイノシシがおるんじゃげな」

「げな」というのは、広島や島根、山口辺りでも通じる方言である。共通語なら「……らしい」とか「……だそうだ」といった意味に当たる。転じて、眉につばを塗りたくなるような作り話やうわさ話の類いを「げなげな話」とも呼ぶ。大概は周りから小ばかにされるのが落ちだが、泳ぐイノシシの話は違った。

聞きかじりの情報でも、職場の同僚が興味深そうに耳を傾けてくる。「それで、それで……」と、話の継ぎ穂を待っている。

どうやら、宮崎駿監督のアニメ映画「もののけ姫」（一九九七年公開）を思い出した向きもあったようだ。観客動員千四百万人を誇る大ヒット作である。

中国山地にゆかりの深いたたら製鉄を取り上げていたことから、職場にも観た人間が少なくない。人間との壮絶な闘いに一歩も引かない乙事主はとりわけ、イノシシの長として強烈な印象を残していた。そのシンボルのような獣が大海原を渡るという、意外な取り合わせは確かに興味をそそる。

周りの食いつきぶりに気をよくし、取材の網を少し広げてみると、海で見かけたという話があちこちで引っ掛かってくる。

駄目でもともとのつもりで、島伝いに愛媛の海岸にも足を延ばした。すると、目撃者に当たりがつくどころか、「この手で海から引き揚げた」と言う人まで現れてくる。「げなげな話」などではなかったのだ。

動物好きの同僚カメラマンに水を向けると、やたらと面白がる。「海を泳いでいる証拠写真が撮れれば、連載物のアタマ（巻頭）を張れる」。スクープを狙うくらいのノリで取り掛かってくれた。

その成果が、本編の記事と並行する形で展開した特集ページの写真グラフである。たわわに実ったミカンの枝を引きちぎろうとする瞬間や、間引かれて畑の隅に野積みになっているスイカをあさるウリ坊など、知られざる生態をとらえた写真は読者を引きつけた。

いずれも周到に調べた上で選んだ地点に感知器を仕掛け、自動でフラッシュをたき、シャッターが切れるようにした手作り装置の産物である。野生動物を長年撮り続け、ノウハウを蓄えてきた本社写真部の伝統の力に負うところが大きい。

ただ、連載のオープニングを飾るはずだった泳ぐイノシシの写真は結局、ものにすることはできなかった。というのも当初から、やみくもにチャーター船で海に出ては携えた双眼鏡で四方八方、イノシシの姿を探し回っていた。今思えば、無知というか無謀の限りで恥ずかしくなる。生態を知りもしないで、泳いでいる瞬間をものにしようというのは、いわば大海で針をすくうようなものである。

いくら泳ぎ上手とはいえ、海の上では無防備になってしまう。それなのになぜ、姿をさらすのだろうか――。思いが及んでいたかと問われれば、内心じくじたるものがある。その辺りの考察については、書き下ろした「イノシシトリビア」で触れた。

一方、海べりでの目撃者探しは順調に進み、思わぬお土産話までついてきた。行く先々で農家から、田畑を食い荒らされた恨みつらみを問わず語りに聞かされたのである。

「田んぼがひと晩で、あらかた全滅じゃ」「そろそろ収穫の頃合いと踏んだ、その日にやられるから二重、三重に悔しい」

長年の野良仕事で腰を痛め、つえを手放せないお年寄りが、近所で〈有害捕獲〉されたイノシシの死がいに「孫のために丹精した畑を……こいつめ、こいつめ」とののしりながら、つえを振り下ろした話も耳にした。

加えて、「食害なら山側の、中山間地域の方がもっと深刻だよ」とも。教わった通りに取材の網を広げ、途方にくれる里山の姿も目の当たりにすることになる。

以上のような流れから、新聞連載の構成も、瀬戸内海の島々を歩いたルポが第一章、続く第二章で中国山地に舞台を移し、何が起きているのかをひたすら追った。

ブタの先祖でもあるイノシシは海外にもいて、人間との付き合いも長い。にもかかわらず、参考になる書籍は限られている。いきおい、さまざまな人の話に耳を傾けた。取材中は、おまじないのように「古今東西、森羅万象」と唱えていた。その一端が、イノシシを管理下に置こうとするヨーロッパ社会に学ぶ第三章であり、持ちつ持たれつできた日本社会の歩みをたどった第四章である。

頭を最も悩ませたのは、連載全体の締めくくり方だった。いわば「出口」にあたる。

おおざっぱにいえば、人と野生動物とのあつれきが題材である。当の農家からすれば、目の前で火事が起きているようなものである。共生の問題だ何だと、のんきに議論をしている場合ではない。

保護と駆除。取材の重心をどちらに置くか。それ次第では、キャンペーン報道の性格も帯びる連載のトーンが大きく変わってくる。

私たちの下した答えが、「食らう」と題した第五章であり、天敵の役割を忘れかけている人間社会に対するメッセージを込めた第六章である。

そんなスタンスの決め手の一つとなった写真がある。

一九六六（昭和四十一）年に芸予諸島の一つで広島県の最南端、呉市沖の倉橋島を撮った航空写真。山肌はてっぺんまで開墾され、パッチワークのようにすき間なく、段々畑が張りついている。涼を取れる木陰がちらほら見えるくらいで、森と呼べる茂みは見当たらない。つまり、イノシシの隠れがなど無いも同然なのである。

ちなみに同時代の一九六〇年に映画監督新藤兼人さん（一九一二－二〇一二年）が撮った出世作「裸の島」でも冒頭、広島県三原市沖の開墾し尽くした島々の空撮シーンが続く。

それが、どうだろう。ミカン色に色づいていた瀬戸内の段々畑は、一九九一年のオレンジ輸入自由化で打撃を受けた。高齢化の波にも洗われる。傾斜のきついミカン園から見放され、次第に山へと戻っていく。廃園後も実はなり続け、イノシシにとっては餌付きの、またとないすみかとなった。

イノシシが押し寄せてきたのではなく、むしろ、人間の側がおびき寄せたようなものではなかったか――。

そんな思いを強くした実体験がある。

野生のイノシシを手なずけ、実証研究を地道に重ねている独立行政法人農業・食品産業技術総合研究機構の近畿中国四国農業研究センター・鳥獣害研究室（島根県大田市）を訪ねた時のことだ。

研究員に誘われ、野外の飼育場に入れてもらった。隅っこに尻込みし、頭を低くし、警戒していたイノシシは、こちらが出口に向かってきびすを返した途端、ドドドッと突進してきた。慌てて振り返ると、ピタッと四本の脚が止まり、また後ずさる。その繰り返し。何やら「だるまさんがころんだ」遊びをしている気分だった。

どうやら、背を向けた相手に突っかかるのは野生動物の習性らしい。「そうか。イノシシには、人間が山に背を向けたように見えているのかもしれない」

そろばんが合わないからと山の手入れが間遠になった。炭焼きはもちろん、薪や山菜を採りに入る人波も減った。獣からすれば、人間が山を見捨て、背を向けたと映るのではないか。だからこそ、ほしいままに奥山を下り、里山へと版図を広げている。

たとえ、山から撤退するとしても二通りの方法があるはずだ。背中を向けて逃げるのと、顔を合わせたまま後ずさるのと。いったいどっちを取るのかという、十年余り前の問い掛けに、私たちの社会は答えきれているだろうか。

そんな疑問を携えながら今回、新しい章を書き下ろした。併せてイノシシをめぐる「げなげな話」のその後についても豆知識風にまとめている。

＊書き下ろした「イノシシトリビア」、「終章「猪変」その後」を除いて、登場する市町村名や人物の所属、役職、年齢などは取材当時のままとしています。

目次

第三章　欧州事情

第四章　合縁奇縁

第五章　食らう

第六章　人こそ天敵

本書は「猪変」（「中国新聞」二〇〇二年十二月～二〇〇三年六月）に加筆、修正、再構成したものです。

第一章　島で

わがもの顔でイノシシが増えている。中国山地どころか、瀬戸内海の島々にまで、すみかが広がる。「絶滅させたら、いけんの?」。振り切れそうな、農家の怒りも聞こえてくる。「共生の世紀」の足元でいったい、何が起きているのだろうか。あつれきが波打つ芸予諸島から、報告を始める。

（二〇〇二年十二月十日〜十六日掲載）

島を越える　海を渡る

増え過ぎ越境「疫病神め」

広島県の最南端、鹿島沖を並んで泳ぐイノシシの姿が新聞紙面に載った二〇〇二年十一月十五日。地元の倉橋町役場で、何度も電話が鳴った。

「なんで、海に沈めんのか？」

「あんな疫病神」

農家からだった。矛先は、二頭を見つけながら鹿島に追い返した呉海上保安部の船に向いた。

日本では猟期以外、野生動物を許可なく捕まえたり、殺したりできない。

「恨みが言わせるんよ。法とか理屈じゃあない」。電話を取った町産業経済課の出来悦次課長(56)は、そう推し量る。

周囲九キロと狭い鹿島。海岸まで山が迫る。イノシシよけか、油臭い機械や光るＣＤ盤、鏡台など、思いついた廃品を並べた段々畑もある。

「いっそ、島じゅうの山ごと焼き払うてもらいたいよ」と農家の小平キヨミさん（75）。島にイノシシが現れたのは一九九〇年ごろ。ミカンの根を掘る。実を食う。枝を折る……。夜ごとの被害に根負けし、小平さんはミカン六百本が植わる段々畑を見放した。戦後二十年かけ、亡き夫と石垣を積んだ畑だった。

「被害を防ぐ囲いに金かけても、ミカンが安うて割に合わんしね」。次男で左官業の可六さん（45）は小学生のころ、薪拾いが日課だった。石油やガスの普及で、荒れ放題になった裏山から この春、岩が転げ落ち出した。好物のタケノコをあさり、斜面を掘り返すイノシシの仕業だった。「土砂崩れが怖い」。雨が続くと、母は寝床を移す。

イノシシは人けを嫌う。倉橋町は山も深い。島内に何頭いるのか、誰も知らない。確かなのは駆除の頭数くらいだ。

町が駆除を始めた九〇年に、わずか一頭だった捕獲数は十年後の二〇〇〇年、二百九十九頭に膨らんだ。昨年は六百八十六頭と、さらに倍増。「もう下火のはず」と踏んだ今年も十月末で、過去最高の七百頭台に乗った。「まるで底無し。訳が分からん」。出来課長は動転が収まらない。

雌イノシシは冬に身ごもり、春から夏に五～六頭の子を産む。例えば、百頭の半分が雌の成獣で、駆除をせず、幼獣ウリ坊も順調に育てば、翌年には三百頭前後に増える。雌は生後二年でもう、子を産み始める。

島の面積と捕獲数を比べると、鹿島の生息密度は町全体の倍近い。取材時にちょうど捕まっていた二頭も「縄張り争いに負け、しっぽを巻いて逃げ出した雄同士」と、島の猟場に詳しい佐伯孝行さん（61）はみる。

町内の猟友会員は六人だけ。いきおい、駆除はわな頼みで、おり型の箱わなは近く百基を超す。県内では群を抜く数だ。電気柵やトタン板でミカン畑を囲う農家も増え、食害はやっと鎮まる気配だ。

餌場が狭まれば、おなかがすく。イノシシたちは、海へ、そして陸へと、越境を始めた。

風評で油断、対策後手に

誰彼となく、「イノシシは硬いアスファルト道路を嫌がる」というから、広島県音戸町の住民は気を抜いていた。隣の倉橋町との境は丸々、国道四八七号が走っている。始終、車も通る。一九九〇年に隣町で害獣駆除が始まっても、しばらくは音戸町内には影も形もなかった。

防波堤のはずの国道で九八年ごろ、乗用車やバイクが夜、獣とぶつかる事故が起き始めた。イノシシだった。ついに、越境が始まったのだ。

町役場は慌てた。田畑を守る柵の購入助成を始めたが、遅かった。二〇〇〇年、町内のあちこちで畑が襲われた。翌年から箱わなを農業委員に貸し出して、駆除を始めた。

国道沿いに住む農業委員の舛田定則さん（70）は昨年夏、わなの狩猟免許を取った。箱わなを国道の向こう、倉橋町側に据えてある。「そりゃ、あっちから渡ってくるんじゃけえね」。土地の持ち主も了解ずみだ。二年目の今年、十六頭も捕れた。「今ごろは、わなも立派な農具なんよ」

町全体では、昨年は五十九頭、今年も十月末までに七十二頭がわなにかかった。捕まえた数もやはり、町境に集中し、全体の半分近くを占める。

倉橋町側の提案で一度、町境を封鎖してしまう抜本策を両町で考えた。直線距離で二キロほど。高さ二～三メートルの頑丈な金網で山際を仕切れば、イノシシの越境を食い止められる。山火事を防ぐのに、防火帯を切るようなつもりだった。

実現はしなかった。「人間の出入りはどうするん？」。国道を挟んだ隣町に田畑を持ち、車で行き来する農家が何軒もある。一千万円を下らない経費や不在地権者も厄介だった。音戸町の丸沢良治産業課長（55）は、とどめの言葉を覚えている。「陸《おか》で足止めしとっても、相手は海を渡ってくる」

わが家の田畑だけを柵で囲う。目先の自衛策に追われる間に、イノシシは隣の畑へ、集落へ、そして隣の島へと、すみかを広げていった。

倉橋島と橋続きの隣島、東能美島。橋のたもとの大柿町では二〇〇〇年、田畑の掘り返し跡が見つかった。〇二年六月からは、駆除のわなにかかりだした。十月末までに計十六頭、生まれて間もないウリ坊もいた。とうとう、島内で繁殖が始まった証拠だ。

大柿町の浜崎輝行さん（61）は今年、山際の田を一枚、丸々食い荒らされた。「いっぺん入ったら、毎晩でも来る。ほんま、しつこいんよね」

イノシシの越境先に必要なのは、飲み水と餌、ねぐらの三つである。瀬戸内海は冬暖かく、苦手の雪が積もらない。おまけに、すみかの山には水気たっぷりの餌が冬も実る楽園が広がっていた。瀬戸内特産のミカン畑だ。

禁断の実

「ミカンを餌に使うちゃ、いけん」。イノシシを獣道からおびき寄せて捕るわなについて教える時、下蒲刈島（広島県下蒲刈町）のハンター西本忠則さん（51）は口を酸っぱくして言う。

食いしん坊のイノシシを食欲で誘うわなは、餌付けと同じ意味を持っている。知らなかった味まで覚えさせ、捕り損なえば被害作物を増やしてしまいかねない。島特産のミカンを寄せ餌に使えば、やぶ蛇になるのだ。

西本さんは、島内では作っていない飼料トウモロコシや米ぬか、ドングリなどを勧める。「タヌキやカラスが横取りして食うし、難しいんよ」。地元、下蒲刈町の産業課長でもある西本さんは、ほかの有害鳥獣たちも気になる。

冬はイノシシにとって、餌探しが難しい。山のドングリは尽き、田畑も休む。タケノコが伸び出す春先まで、どう食いつなぐか。その冬に瀬戸内海の島々では、かんきつ類が実る。願ってもない楽園なのだ。

島々のミカン畑には、上手に皮をむいたイノシシの食べかすが散らばる。甘いのが好きなのは、人間と同じ。「一番の好物は、稼ぎ頭のデコポン」と農家は口をそろえる。酸っぱいレモンや甘夏、伊予かんは比較的、安全だという。

最初から実に食らいつく訳ではない。はじめは、土を掘り返すだけのようだ。昨年からイノシシが畑に出始めたという能美町では今年も、ミカンを食われた被害の報告は届いていない。「ミミズや昆虫をあさりに、軟らかい土を狙う。有機肥料でふかふかのミカン畑は格好の的なんよね」。忠海港（広島県竹原市）わきの広島県果実農協連合会で、中村繁俊指導課長補佐（44）が苦い顔で、一枚の資料を差し出した。

ミカン畑にすき込んだ、たい肥や樹皮など有機肥料が一九九九年を境に、下降に転じたデータが載っている。「肥えた畑はイノシシを誘うからと、農家がたい肥やりを手控えだしたんよ」

ミカンは安値が続く。高齢化も手伝い、耕作をやめたミカン園は一年もすれば、クズなどの雑草が覆う。本来の山の姿へと戻っていくのだ。クズの根が好物のイノシシには、格好の隠れがになる。広島県因島市ではこの春から、放任ミカン園の樹木すべてを刈り払い、締め出す作戦に取りかかっている。

全国に出回る銘柄「大長みかん」の産地、大崎下島の豊町にも、イノシシの影は忍び寄っている。今年初めて、畑に現れた。かんきつ農家は九百軒近いのに、銃猟免許を持つ人は二人しかいない。「大長ブランドの死活問題」。地元農協は、島外から猟の達人を招く算段を始めた。腕利きのハンターを雇い、イノシシの頭数を抑え込むのに成功した島の話を聞いたからだ。ふたつ隣の上蒲刈島（蒲刈町）である。

仕置き人、百五十頭を半年で捕獲

自分の島に、イノシシがいったい何頭いるのか。大まかでも言える町が、一つだけあった。上蒲刈島の広島県呉市蒲刈町である。

「残り百頭ぐらいかな。土の掘り返しは今もあるけど、畑の食害はもう聞かんようになったけんねえ」。町産業観光課の朝日建一課長（55）は、事もなげに答えた。

頭数をはじき出すノウハウが、町役場にあるわけではない。朝日課長が腕を頼りにする猟師、下河内信一さん（50）の見立てである。下河内さんは、上蒲刈島の対岸、川尻町に住んでいる。毎年、猟期に入ると三カ月間、造園の手伝いを休んで、県内の猟場を駆け回る。

得意は、くくりわな猟。獣道に埋めたワイヤの輪が、ばねで跳ね上がり、イノシシの脚をからめ捕る。知恵比べの猟だ。どの獣道を何頭が通るか、下調べを尽くす。ひづめの形や歩幅で、雄か雌か、体格まで頭に浮かぶ。「捕る前から、獲物に名前を付けておくんよ。タローだの、ハナコだの」。だから、頭数も見当がつく。

「島を助けてほしい」。二〇〇〇年夏、蒲刈町に呼ばれ、ミカン園に案内された。「びっくりしましてねえ」。苗木は根こそぎ倒している。実をもぎ、枝を折っていた。石垣を崩し、段々畑は跡形もなかった。

耳でも異変を感じた。「セミしぐれが弱々しい」。ハミ（マムシ）も少ない。周囲一九キロの島内にイノシシが何頭いるか、一週間近くかけて調べた。三百五十頭ほどの気配があった。島にいる二十歳未満の人数と、変わらなかった。

頭数の多さはもちろん、「雌は毎年五～六頭産む」と聞かされ、町は驚いた。町内に銃猟免許の持ち主は一人もいない。

町は急いで、下河内さんと駆除の委託契約を結んだ。一頭捕れば三万円を渡す成功報酬方式。条件を一つ付けた。「できるだけ、雌を狙ってほしい」

仕事も猟も休み、下河内さんはお盆すぎから、上蒲刈島に通った。八月は十七頭、九月に二十二頭、山の様子が頭に入った十月には四十七頭を捕った。注文通り、七~八割が雌だった。結局、半年間で百五十頭を一人で仕留めた。「イノシシが行列つくって、わなに掛かってくれるのかと思うほど、面白いように捕れた」と振り返る。

町が県内でいち早く買い入れながら、使いこなせないでいた箱わなも、下河内さんの手ほどきで効果を挙げた。半年で百二十頭が掛かった。くくりわなと合わせて二百七十頭。島内にいた八割近くを捕った。翌年から、農家の苦情はやんだ。

ただ、目標を遂げた下河内さんの心には一点、曇りが消えないでいる。「獲物のうち、純天然のイノシシは一割もおらなんだ」。九割はイノブタだ、と言うのだ。

計算違い

牙も、鼻も短い。耳たぶは大きく、子を産む数が多い――。広島県瀬戸田町の生口島にいるのはイノシシではなく、大半がイノブタだと、地元の猟友会員たちは言う。

一九九〇年ごろ、島内に突然現れた。当初一ケタ台だった捕獲数が、九八年に百四十七頭と急増。二〇〇〇年には、二百四十五頭を数えた。

さかのぼって八五年ごろ、イノブタが島内の飼育場から逃げ出した。それが繁殖の元だと農家は疑ったが、飼い主（故人）は「岡山産の純天然で、脱走も一頭だけ」「わしの責任じゃない」と言い返した。

似たような話をあちこちの島々でも聞いた。「うちの島におるのはイノブタ系。肉用に飼っとったのが逃げ、泳いできたのと掛け合わさって、増えたんよ」と。

芸予諸島で繁殖しているのは、イノシシか、イノブタか。実は、定かではない。狩猟獣のイノシシは、猟期中に合法的に捕れれば、後は食べてもいいし、飼ってもいい。誰が飼い、逃がしたのか、他人は知らないというのが実情のようだ。

「瀬戸内海の島でイノシシやイノブタを飼う知恵をつけたんは、わしかもしれんね」。広島市中区の流川地区で小料理店を営む菅原好信さん（76）が目をつぶって、思い出話を始めた。

七七年夏、菅原さんは古里の下蒲刈島に立ち寄った。対岸にある無人島の上黒島に渡って、驚いた。島で畑作が盛んだった昔は農薬で姿を消していたカニが、浜辺に何十万匹といた。カニはイノシシの大好物。「餌は無尽蔵だし、

イノシシ牧場だった上黒島（手前）。その後、廃棄物の最終処分場になった（上方左が下蒲刈島）

周りの海は天然のおり。うってつけの牧場じゃと思いついてな」

当時、菅原さんは広島市内に山菜料理とぼたん鍋の店を出し、食材のイノシシは自分が猟で調達していた。肉がいつでも手に入る牧場づくりは、夢だった。親族がほとんどの地権者に許しをもらい、夏の間に大小十二頭を島に放した。「後は、増えるのを寝て待つだけ」のはずだった。

「おい、イノシシが沖を泳いどるで」。二カ月後、連絡が入った。駆けつけると、十二頭がすべて、島から消えていた。ほどなく、約二キロ離れた対岸の上蒲刈島、下蒲刈島で「畑を荒らされた」と農家が騒ぎだした。「泳ぎ上手なのは知っとったよ。じゃが、瀬戸を渡るとは誤算じゃった」

真っ先に繁殖の広がった島、倉橋島も発端は脱走だった。八五年ごろ、島の東部で飼われていたイノシシが逃げた。その数、わずか雄雌十頭。今や、千頭を超すという。駆除につぎ込んだ金額は九〇年度から通算で八千万円近い。

やはり飼育イノシシが逃げた大崎上島でも、駆除にてこずっている。人間が追うと、賢いイノシシは安全地帯に逃げ込む。島中央の町境にそびえる神峰山の一帯。瀬戸内海国立公園を含む鳥獣保護区である。

泥縄のツケ

広島県竹原市沖の大崎上島。周囲六〇・九キロの島に総延長一六〇キロ近くに上る、イノシシ対策の防護柵が、ミカン畑や家の周りに張り巡らされている。

「早く何とかせにゃいけんと、バタバタして。考えるいとまはなかった」。広島県東野町で有害駆除を受け持つ小笠原要介さん（48）は振り返る。異変は一九九七年ごろ、巻き起こった。

ミカン畑がイノシシに次々、荒らされる。夜どころか、日中にも現れる。「間引き作業で捨てるミカンを、後ろでじっと待っとる」「うちは石垣が壊された」「昼の弁当を盗み食いされた」。農家が寄ると、そんな話で持ちきりになった。

小笠原さんは同じころ、親子十三頭もの群れを見た。「普通は四～五頭。餌に困らないし、天敵もいないから、異常に増えているのか」。不安は的中した。被害の前線は東野町から西の木江町、大崎町へと、島内を二～三年で横断した。

慌てた農家に押され、島内の三町は足並みをそろえ、二〇〇〇年度から防護柵の助成を始めた。申請は引きも切らず、気が付けば、柵の総延長が島を五周するほどの長さになっていた。

「最初から、山をぐるり囲うときゃあ、安く済んだのに」。最近、ぼやきが役場で聞こえる。もぐらたたきのように、被害農家に一軒ずつ、目先の助成金を渡した策の結末だった。

「柵は内側を守るだけ。わなや鉄砲で、島全体の生息数を減らさんとダメ」。大崎町で料理店を営む坂口俊則さん（62）が言う。大崎上島地区猟友会（会長・東野町長、二十九人）の副会長。

三町の猟友会は六年前から共同で、駆除に動いている。「もとは皆、キジ撃ちじゃからね。協力せにゃ」と、事務局長の会社員岡田善隆さん（57）＝大崎町。シシ撃ちは猟犬も弾も違う。足跡の向きや古さで、気配を探る眼力が要る。五年ほど、島外の猟友会に駆除を頼み、ついて覚えた。

島内には、三町にまたがる鳥獣保護区がある。猟は許されない。イノシシの隠れがだ。瀬戸内海国立公園の神峰山も区域内にあり、猟期は駆除を手控えてきた。初めて今季に解禁し、踏み込む準備を進めている。

同県倉橋町では、県内で唯一の猟区が、死角になった。猟区は、狩猟してもいい鳥獣の種類や日時、入猟者数を地元の市町村が制限できる。「冬はミカン収穫の最盛期なのに」と、猟期の事故を不安がる農家を守るために取り入れた制度だ。

ところが、キジしかいなかった猟区に突然、イノシシが現れた。九三年秋、狩猟獣に加えるまで猟期に撃てず、繁殖を見過ごす温床になった。

倉橋町は、広島県呉市など一市八町での合併準備が進む。新生呉市は、イノシシ千五百頭余りの駆除を引き継ぐ。難題は、もう一つある。駆除した死がいの後始末である。

たい肥・食肉、利用模索

あごの骨がのぞいた。牙が見える。広島県倉橋町の小学校近くの農場で四カ月前、たい肥をかぶせたイノシシは土に戻っていた。

「ええね。においもないいし」。県呉地域事務所の酒井勝司さん（55）は満足げだ。管内で二〇〇一年、イノシシの駆除頭数が約千五百頭とかさばった。捨てずにリサイクルできないか、たい肥化の実験を重ねている。

イノシシを土に戻すたい肥化の実験

駆除した死がいは置き去りが許されない。とはいえ、ずうたいが大きく、大型のごみ焼却炉でも焼け残る。埋めるか、食べるか。始末が必要だが、島には捨て場所が少ない。お年寄りが、掘りやすい浜辺に埋めたら、波に洗われた死がいが現れ、苦情が出た島もある。ある島では町有林に重機で穴を掘り、共同の捨て場をこしらえた。

倉橋町の駆除数は昨年から二年続けて、六百頭を超えた。たい肥にするだけでは間に合わない。県内の動物園に「ライオンの餌にしないか」と持ちかけたら、「食肉の合法ルートじゃないと受け入れることはできない」と断られた。

「いっそ、人間に食べてもらおう」と、町は〇二年九月、イノシシの食肉化施設づくりの補正予算を組んだ。

食肉化の発想は近くの上蒲刈島、蒲刈町の経験がヒントになった。〇〇年、同町では島外猟師と箱わなの活躍で、駆除数が二百七十頭に増加。膨大な「ごみ」になった。思案の結果、町営宿舎のレストランでぼたん鍋にしたところ、二カ月で約三百食が出た。

欲張って、新聞に取り上げられたのがあだになった。記事の出た朝、保健所から電話が入った。「肉の仕入れ先は、ちゃんとした食肉販売業者でしょうね」。島内に許可業者がいないのを見越しての警告だった。幸い、駆除の成功で捕獲数は減ってきていた。これも潮時と、「ぼたん鍋作戦」は打ち止めにした。

イノシシの特産化、「食べて共生」の道は決して平たんではない。頭数が減り過ぎれば肉が足りず、増え過ぎれば農業被害が出る。島内の生息頭数や動きをつかみ、人の領分を荒らさないように野生動物の管理が欠かせない。

さらに困難な事態がある。「困っとんよ」と、出来悦次産業経済課長を悩ますのが、違法行為の薬殺だ。畑を荒らされた農家が、憎むあまり農薬入りの餌をまく。危険なだけでなく、イノシシ料理を今後売り込むようになれば、風評が命取りになりかねない。

猟期に入り、瀬戸内のいくつかの島には週末、愛媛県や本土から狩猟愛好家が渡ってくる。「島は、猟場の広さが手ごろ」「島のイノシシは霜降り。脂が乗って、うまい」と評判もいい。

イノシシを害獣とみるのか、それとも特産物やたい肥の資源、狩りの獲物とみるのか。新しい「島民」との付き合い方をめぐって、島の模索はまだ続いている。

恋の波路か窮余の策か

「本当に、島へ泳いでくるんだろうか」「泳ぐ姿を見てみたい」。瀬戸内海の芸予諸島にすむイノシシたちを取材で追いながら、頭からずっと離れない関心事だった。目撃者を探し、どこからどこへ、なぜ渡るのかを尋ね歩いた。イノシシは確かに、海原を泳いで渡っていた。目撃者の証言などを交えて紹介する。


イノシシが海を泳ぎ渡るのはもう、瀬戸内海の常識と覚悟をした方がいい。本土から島へ、島から島へ。どの島もいつか、上陸されてしまうかもしれない。

今回の取材で、芸予諸島を回るうち、泳ぐイノシシを目撃した十一人から証言を聞いた。そのうち五人は何と、乗る船に引き上げたり、上陸先の岸で押さえ込むなどして捕まえ、その重

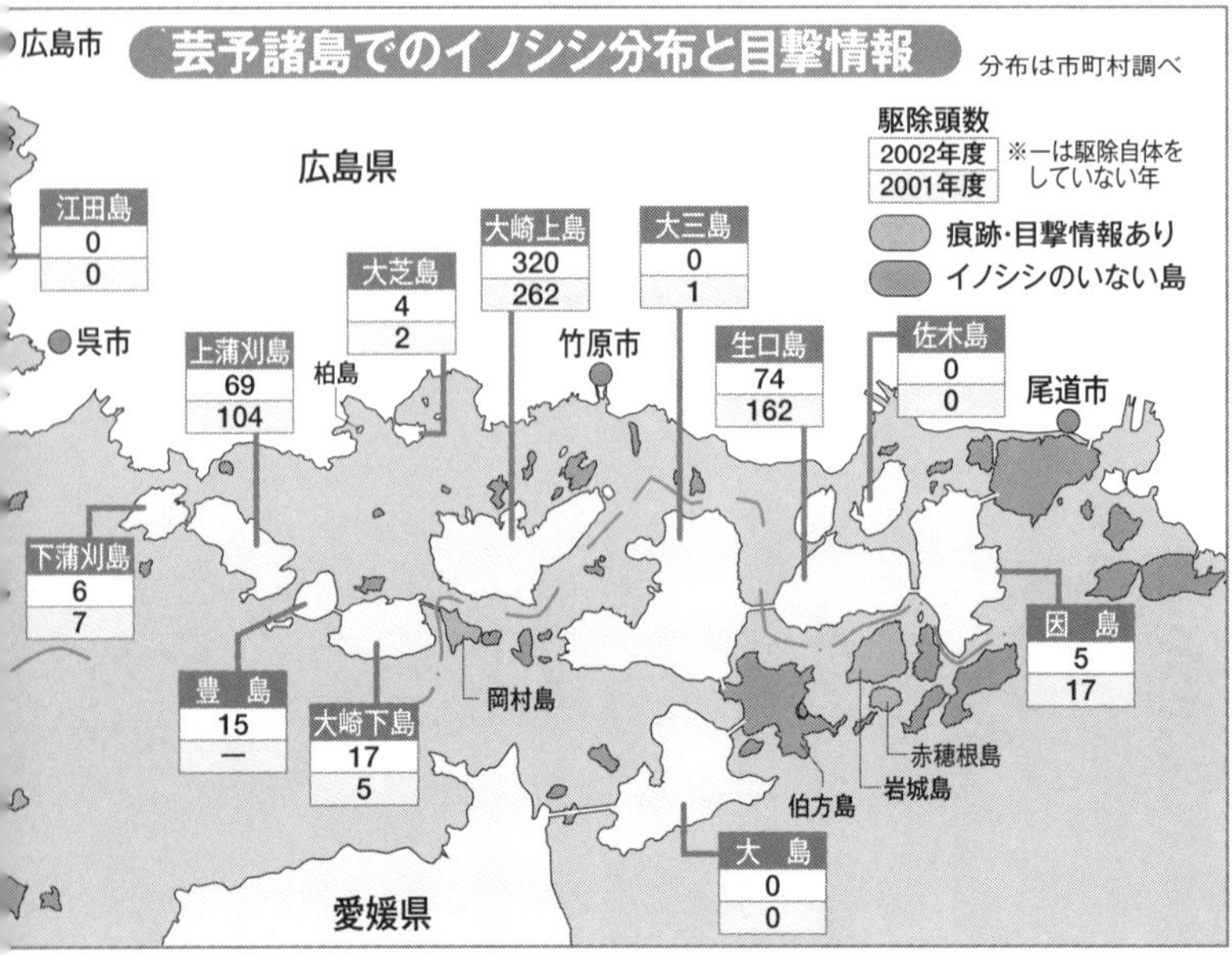

みや感触まで知っていた。

目撃例には、日中の、それも昼間を中心に明るい時間帯が目立つ。人間と同じで夜目が利かない弱点が理由のようだ。

イノシシの家畜種であるブタの能力を調べた、近畿中国四国農業研究センター・鳥獣害研究室によると、人間の視力でいえば「〇・〇一七から〇・〇七程度」と悪い。進路も、周りも見えない、夜の渡海は危険なのだ。

ちなみに、田畑に夜間現れるのは、犬の鼻さえ上回るほど、鋭いきゅう覚が陸上では利くからだ。

ではなぜ、海に泳ぎ出すのだろうか。外敵に見つかりやすく、無防備に

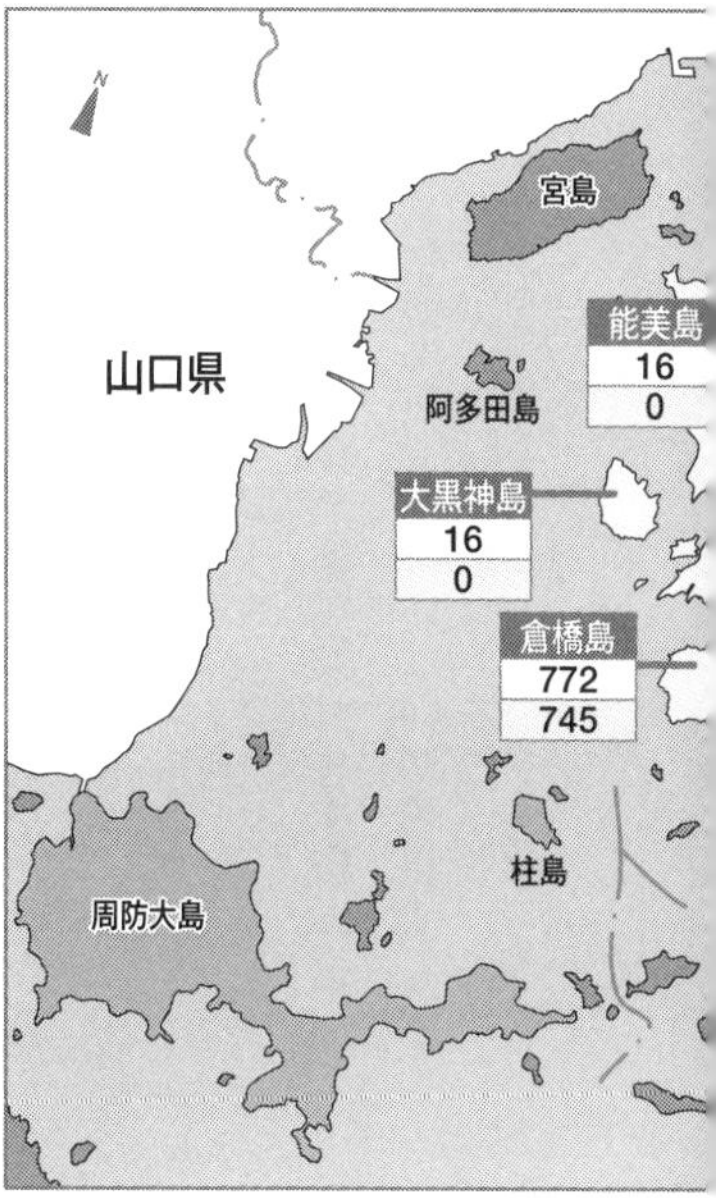

なるというのに。

手がかりの一つは、目撃の時期だ。晩秋から冬にかけての季節が多い。十一月十五日に解禁となる猟期（翌年二月十五日まで）と重なっている。

「猟犬に追われて、逃げ場がないと覚悟したら、海に飛び込むんですよ」。目撃者の一人、生口島に住む会社員岡田善清さん（61）自身、イノシシ猟の最中に三頭、取り逃がした経験がある。「向かいの佐木島（三原市）にまっしぐら。船で追っかけても間に合わないくらい、泳ぎが速かった」

晩秋から冬場は繁殖期を控え、雄同士の争いが激しくなる時期でもある。「隣の島まで数百メートル離れたぐらいなら、雌のにおいをかぎつける」と、「恋の波路」を渡海の理由に挙げる猟師は多い。

歴史的経緯

芸予諸島に「いなかったはず」のイノシシが現れたのは、この二十年足らずの間だ。文献に

空から見た広島県倉橋町鹿老渡。1966年撮影に比べ、2002年撮影（下）では段々畑が消え、山に戻っているのが分かる

よると、ずっと以前、江戸時代にもいた。

広島県倉橋町の町史によれば、倉橋島では延享元（一七四四）年、大がかりなイノシシ狩りに取り組んでいる。現在の音戸、倉橋両町の境に当たる、くびれた島中央部の総延長約二キロに、竹やシバで築いた高さ約二メートルのシシ垣を築いて逃げ道をふさいだ。同県上蒲刈島の「蒲刈町誌」では、イノシシが時々海を渡ってきて、農家が悩む様子に触れている。

では、今から三十年前、四十年前には、なぜ、島々にいなかったのだろうか。

瀬戸内海を空から撮った、そのころの写真を見れば、すぐに分かる。「耕して天に至る」と形容されるほど、段々畑が島じゅうに広がっていた当時には、やぶや森がほとんど見当たらない。たとえ海を渡って島にたどり着いても、イノシシが入り込む、すき間は無かったのだ。

オレンジの輸入自由化（一九九一年）を境に、島の過疎・高齢化も手伝って、ミカン畑の耕作放棄が進んだ。見放された段々畑は一年か二年で、雑草にのみ込まれ、山に戻ってゆく。残ったミカン畑は、イノシシの餌場になる。島の環境が変わるにつれ、野生動物のすみかは整っていった。

「殺生、嫌ですよ」島の心構え

広島港の南二十キロ、広島湾に浮かぶ大黒神島（沖美町）。カキいかだがたゆたう無人島で二〇〇二年夏、わなにイノシシが掛かりだした。既に十六頭。町職員は大慌てだ。農家にせっつかれ、泥縄で仕掛けたわな。捕まえた相手の仕留め方も知らなかった。

町産業建設課の中田新一さん（26）が駆除の担当。島の畑に船で通う農家から「掛かった」と知らせがあると、後始末に出向く。最初はわなの中で弱って死ぬのを待っていた。しかし逃げようとして暴れ、わなが傷むと聞かされ、最近は渋々、ワイヤで息の根を止める。「そりゃ、殺生は嫌ですよ。役場の仕事に、こんなのまであるとは思わなかった」

上陸を許してしまった島々は、頭数を減らす駆除と田畑を守る防護に追われている。まだ侵入されていない島は、戦々恐々としている。

岡山県西部の笠岡諸島では、「どの島もイノシシは一頭もいないはず」（笠岡市）という。

山口県の周防大島も〇一年までは安心だった。〇二年十月、東端の東和町で大規模農道を歩く二頭が初めて見つかった。町内の誰も、イノシシ捕獲の経験はない。足取りは山が深い島の西部へと、じわじわ向かっている。

山が深い――。それは、倉橋島、上蒲刈島、大崎上島と、生息数が一気に増えた島の共通点だ。

「懸賞金を百万円出してでも、頭数が少ないうちに捕り尽くした方がいい。もともとは、おらんかったんだから」。倉橋町は、イノシシ退治のこつを尋ねてくる島々の役場に、そう勧めている。

データで見る中国地方のイノシシ事情

「田畑を守るため」という目的で「駆除」されるイノシシの頭数が、中国地方は全国でもずば抜けて多い。二〇〇〇年度鳥獣関係統計（環境庁、現・環境省）によると、駆除数のトップは島根県で、二〜四位も広島、岡山、山口の各県が占める。十四位の鳥取を合わせた五県で一年間に計一万八千七百五十四頭、全国の三九・三パーセントにあたるイノシシを仕留めている。

駆除頭数の多さは、裏返せば、農業被害のひどさを示す。それだけ、イノシシが山から下り、人里近くの田畑に近寄ってきている現れだ。

「変なんよ。最近、農地や民家の周りでイノシシが捕れる」。広島県猟友会の宮口富義副会長(68)＝広島市南区＝の言葉も、獣の接近ぶりをうかがわせる。

奥山に分け入る狩猟と違い、駆除は集落や田畑に近い里山が舞台となる。地方別のイノシシ捕獲数を、駆除によるものと狩猟によるものとに分けてみた。駆除の比率が高いほど、イノシシが居着いた里山が多い地域、といえる。

地方別のイノシシ狩猟数
（2000年度調べ）

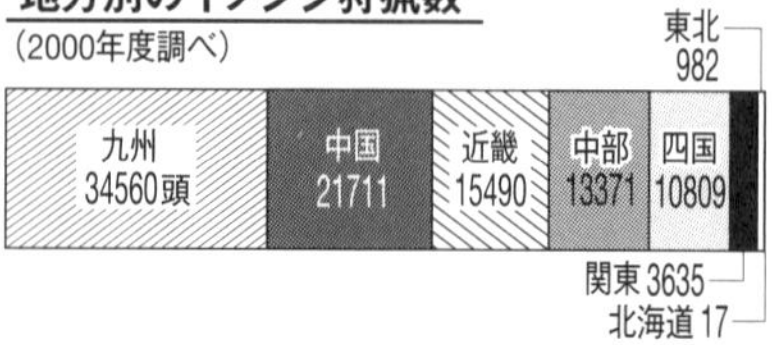

中国地方の駆除率

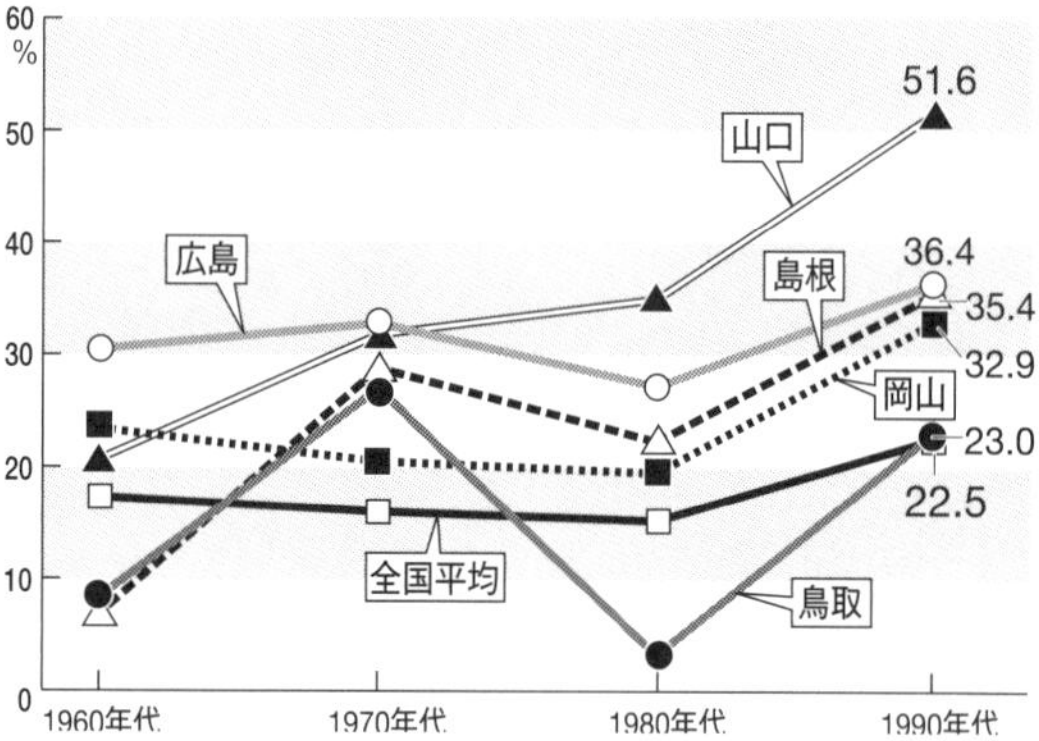

中国地方の駆除率は一九八〇年代以降、増え始めた。九〇年代には鳥取県を除く四県が三〇パーセント以上を記録し、五県すべてが全国平均の二二・五パーセントを上回っている。中でも山口県は五一・六パーセントに達し、日本一高い駆除率となった。

中国地方のイノシシがなぜ、危険な人里に近づきだしたのか。まだ、はっきりしない。

すみかの森を人間が開発で奪ったのかといえば、そう簡単に割り切れない。国内の森林面積は六〇年代から、ほぼ変わらない。五〇パーセント強は、里山を含む天然の森だ。統計の上では、森に大きな変化はない。

「数字上は同じ天然の森でも、アカマツが枯れ、イノシシの好きなドングリがなる広葉樹に生え替わるように、植生はゆっくりと変化している。森の面積だけでなく、獣たちのすむ森の中身を見つめる必要がある」。広島大総合科学部の中越信和教授（51）＝群集生態学＝は、こう指摘する。

「人獣接近」の最前線である中国地方は、イノシシ研究の拠点になってきた。近畿中国四国農業研究センター（本部・広島県福山市）が二〇〇一年四月、島根県大田市に鳥獣害研究室を新設。島根県は〇二年十月、イノシシの飼育研究スペースを備えた中山間地域研究センターを赤来町に開設した。

現場密着型の両施設とも「獣害に悩む農家に、研究成果を返したい」と地域主義を掲げる。集落や農業の行く末を遠く視野に入れながら、今、問題と直面している農家に根づかせやすい獣害対策の開発と普及を急ぐ。

「山畑荒れ、里に下る」

近畿中国四国農業研究センター　仲谷淳・鳥獣害研究室長

イノシシが日本各地で勢力を広げ、農業被害が問題になっている。年間の捕獲数は、駆除と狩猟を合わせて十五万頭近くまで増えた。しかし、被害は減っていない。

野生動物による二〇〇〇年度の農業被害額は全国で百三十三億円。そのうち、イノシシが三九パーセントを占めて最も多い。中国・四国地方でのイノシシによる被害額も、二十三億円に上る。わななどでの捕獲対策とともに、生態や習性を考えた、科学的な被害対策が望まれている。

こうした状況を受けて〇一年四月、近畿中国四国農業研究センターに新しく、鳥獣害研究室（二人体制）が設けられた。イノシシが、助走なしで高さ一メートル以上を飛び越え、強いにおいにもいずれは慣れるなどの能力が分かってきた。

中国地方に広がる里山は、イノシシにとって格好の生息地である。被害が増える原因として、里山から人の気配が薄らいだ、イノシシの苦手な積雪量の減少、飼育場からの脱走、などが考えられる。多くの場合、これら複数の要因が絡んでいる。

中でも、薪炭の利用低下などで人が里山に入らなくなったり、耕作放棄地が増えたりと、人間活動の変化が大きい。このため、山と田畑がひと続きになり、イノシシが里に下り、農作物という「ごちそう」に目を向けてしまった。中国地方に多い中山間地域は、そんな傾向にある。

環境保全や自然保護がうたわれ、農林業でも野生動物との共生が求められている。「共生」という言葉の響きは心地よい。しかし、共生とは競争関係が落ち着いた状態ともいえ、両者の力が拮抗してこそ成り立つ。何千年にもわたって繰り広げられてきた人間とイノシシとの緊張関係は、今後も続く。

イノシシ対策費七億六千四百八十九万円　中国地方の自治体アンケート

イノシシから農作物を守る自治体の対策費が二〇〇二年度、中国五県の三百十八市町村のうち、八七パーセントにあたる二百七十七市町村で、総額七億六千四百八十九万円に上ることが、中国新聞社のアンケートで分かった。

当初予算と昨年九月までの補正額から抜き出した、全市町村からの回答を集計した。

対策費の県別累計では、広島が二億二千三百一万円で最も多く、岡山、島根、山口、鳥取と続く。市町村別では、中国山地の米どころの島根県仁多町が千六百三万円でトップ。生息域が近年、急激に広がっている芸予諸島の倉橋町が二位、対岸の呉市が三位に入った。

イノシシ対策では、財政規模の小さな農村が、都市部より多額の公費投入を余儀なくされているのが実情だ。四位の山口県福栄村は、一般会計の額が二百数十倍の広

中国地方
イノシシ対策費の市町村ランキング

1	仁多町	（島根）	1603 万円
2	倉橋町	（広島）	1530
3	呉　市		1207
4	福栄村	（山口）	1200
5	広島市		1126
6	東城町	（広島）	1100
7	奈義町	（岡山）	1098
8	三原市		962
9	美祢市		930
10	岩美町	（鳥取）	908
11	大崎町	（広島）	892
12	山口市		888
13	阿東町	（山口）	874
14	中央町	（岡山）	838
15	鳥取市		779

島市をも上回る対策費をつぎ込んでいる。

対策の内訳は、田畑を柵で囲う「防護」と、銃やわなで頭数を減らす「駆除」が二本柱になっている。

五百万円以上の対策費を組んでいるのは三十九の市町村。予算ゼロは四十一市町村で、島根県の隠岐諸島や岡山県南の沿岸部など、イノシシ分布の空白地帯が大半だった。

お金をどれだけ使い、どうやってイノシシ被害を防いでいるのか――。中国新聞社のアンケートに、中国五県の三百十八市町村すべてから回答が届いた。イノシシ対策予算の各県トップは、中国山地や瀬戸内海の町村が占

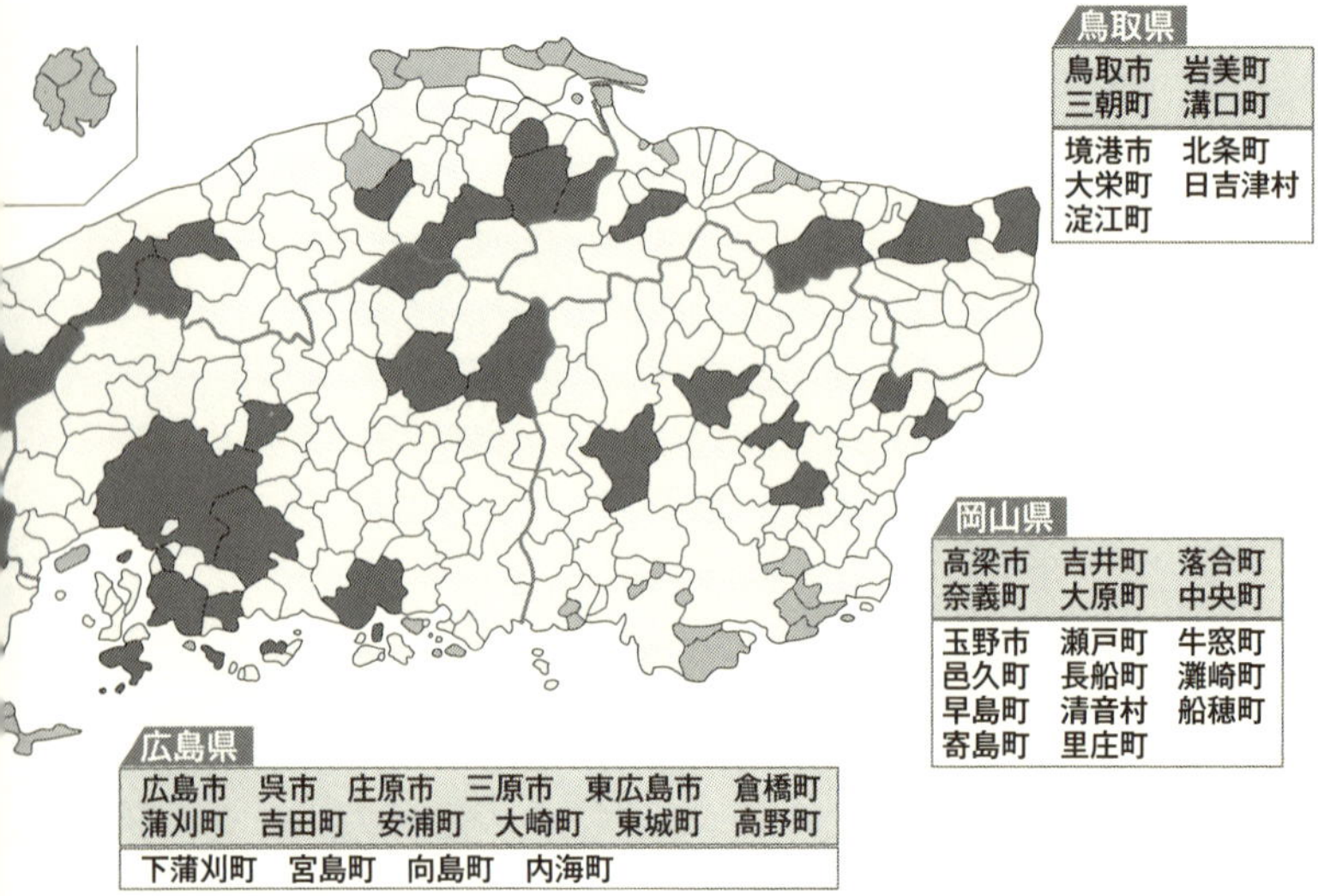

鳥取県
鳥取市 岩美町
三朝町 溝口町
境港市 北条町
大栄町 日吉津村
淀江町
岡山県
高梁市 吉井町 落合町
奈義町 大原町 中央町
玉野市 瀬戸町 牛窓町
邑久町 長船町 灘崎町
早島町 清音村 船穂町
寄島町 里庄町
広島県
広島市 呉市 庄原市 三原市 東広島市 倉橋町
蒲刈町 吉田町 安浦町 大崎町 東城町 高野町
下蒲刈町 宮島町 向島町 内海町

め、都市部を上回った。里へ、町へと近づくイノシシの気配に、財政支援や抜本策を国や県に望む声も目立つ。

◆防護

山口県のトップは人口わずか二千七百人の福栄村。五県全体の予算ランクでも中国地方で最大の百十万都市広島をしのぎ、四位に入った。全世帯のほぼ七〇パーセントが農家。対策費千二百万円の九〇パーセントは、田畑を囲う金網フェンスに替わった。味自慢の米やメロン、白菜などを獣害から守る。

七位の岡山県奈義町も県内トップ。耕地の九〇パーセント近くを水田が占め、防護柵の補助金だけで約一千万円を超える予算を組んだ。総延長二五キロ、前年度も一八キロの柵を張った。県都鳥取市を上回った十位の岩美町も、約九百万円の予算の六〇パーセント近くを防護柵の購入補助に充てている。

防護柵の補助制度を持たない自治体は、二〇パーセント足らず。そのほとんどは、広島県宮

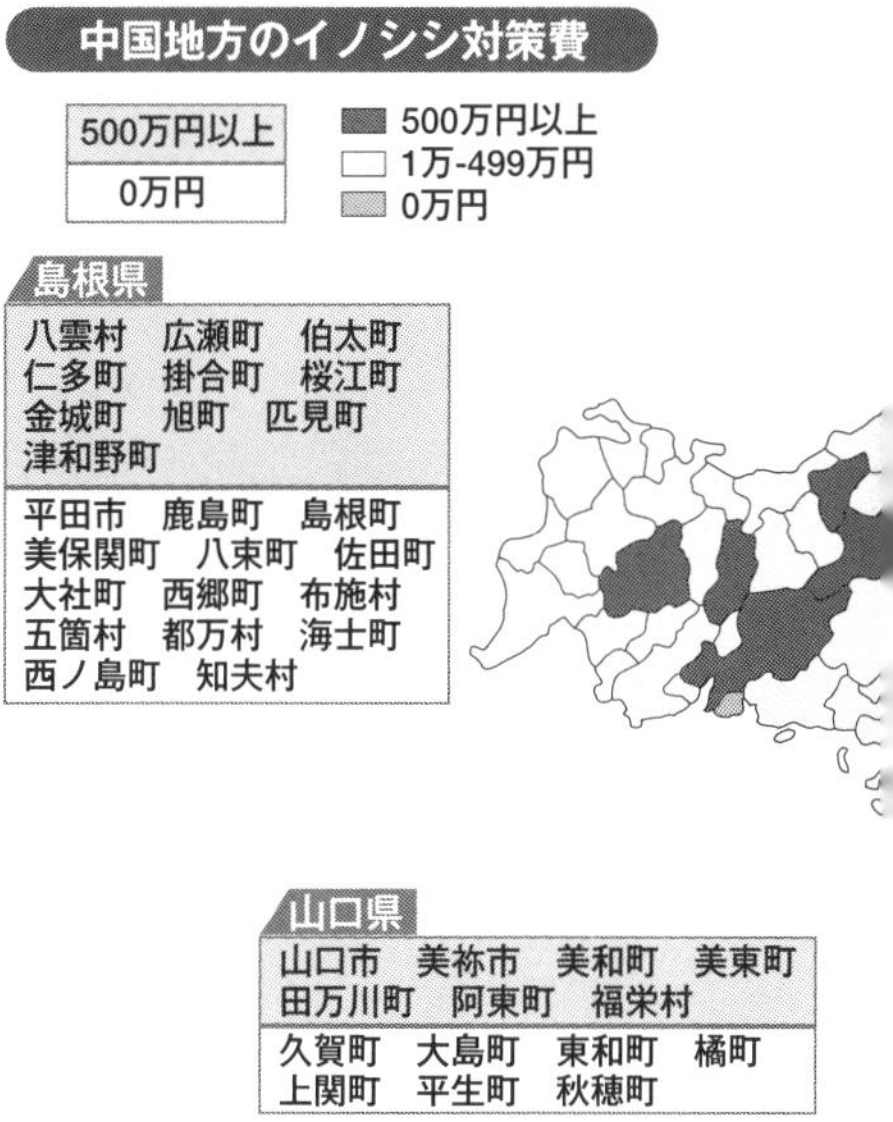

対策費の県別累計

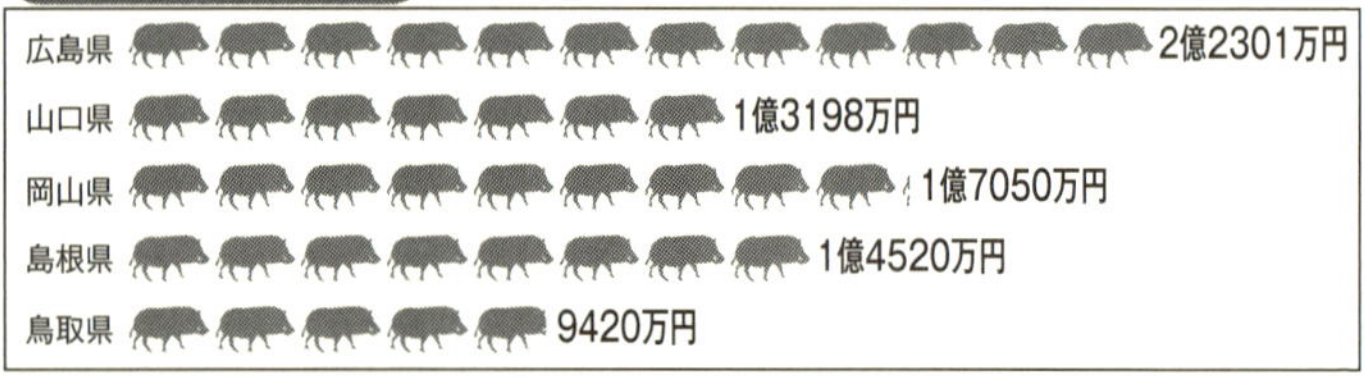

対策費の県別ランキング

広島県	対策費（万円）	山口県	対策費（万円）	岡山県	対策費（万円）	島根県	対策費（万円）	鳥取県	対策費（万円）
倉橋町	1530	福栄村	1200	奈義町	1098	仁多町	1603	岩美町	908
呉市	1207	美祢市	930	中央町	838	金城町	740	鳥取市	779
広島市	1126	山口市	888	大原町	750	広瀬町	626	三朝町	600
東城町	1100	阿東町	874	吉井町	627	匹見町	603	溝口町	585
三原市	962	田万川町	697	落合町	539	津和野町	564	郡家町	459
大崎町	892	美東町	651	高梁市	531	伯太町	564	西伯町	442
吉田町	697	美和町	649	美作町	456	桜江町	550	若桜町	409
蒲刈町	640	萩市	499	佐伯町	455	八雲村	531	智頭町	400
安浦町	545	むつみ村	483	芳井町	444	旭町	515	江府町	360
東広島市	533	須佐町	475	建部町	424	掛合町	500	青谷町	348

島町や山口県平生町、島根県隠岐諸島の七町村など、イノシシがいない地域だ。

自治体の予算とは別に、「中山間地域等直接支払制度」のお金を防護に使うケースも現れている。集落協定を結んだ広島県蒲刈町の宮盛地区では五百万円をかけ、山と農地の境を延々六キロ、頑丈な柵で仕切った。

◆駆除

五県トップの島根県仁多町は中国山地の米どころ、二位の広島県倉橋町は瀬戸内海のミカン産地。いずれも、イノシシ対策予算の大半は、駆除のご褒美である捕獲報奨金が占めている。

報奨金制度は、ほぼ八〇パーセントの自治体に定着している。一頭当たり、三千円から一万円までが相場のようだ。最高額は、平地が多くて猟が難しい岡山県勝央町の十万円。島根県木次町の六万円、同県瑞穂町の三万円が続く。

駆除の道具には、群れごと捕れる、おり型の箱わなが注目を集めている。山口、宇部、防府各市も二〇〇二年度、箱わなの購入費補助を始めた。

わなを使う駆除にも、狩猟免許が欠かせない。免許の持ち主を増やそうと、数万円かかる受験費用や免許の登録・更新料を助成する自治体が増えている。

〇〇年にイノシシが突然現れた東能美島の広島県大柿町は、免許を取る町民にはかかる費用の全額を補助し、臨戦態勢を固める。因島市や岡山県美作町、島根県金城町は、わなを扱うのに必要な甲種免許の補助に絞った。農家に、自衛策として勧める狙いだ。

ほかにも、甲奴町、布野村、沖美町（以上広島県）、川上村（山口県）、哲多町（岡山県）、八雲村、吉田村、仁摩町、大和村、瑞穂町、美都町、津和野町（以上島根県）、鹿野町、福部村（以上鳥取県）などが狩猟免許の奨励制度を設けている。

独自の対策

- すみかを減らすため、放任ミカン園の伐採費用を25％補助（因島市）
- 米の収穫前、毎日見回りをする専従の機動駆除隊を編成（広島・東城町、島根・匹見町）
- すみ分けを考え、山際の農地には飼料作物を植えて、捨て石にする（山口・むつみ村）
- 農家で増えている甲種免許の取得者向けに狩猟行政講座（宇部市）
- わなに獲物がかかったのを電波で知らせる発信機の支給（島根・東出雲町）
- 降雪時も撤去しなくて済む防護柵を県と試験設置（鳥取・若桜町）

◆悩み

広島県内で、県や国の財政支援を仰ぐ声が目立つ。「対策費六百九十七万円のうち、補助金は三十七万円と少ない」（吉田町）、「単独町費が九割」（油木町）。税収は減り、イノシシ被害は逆に増える。ほかに六町村が負担の重さを嘆き、県が二〇〇二年度で打ち切る箱わなの購入費補助の存続を願う声もあった。

野生動物の駆除と保護――。はざまに立つ担当者のかっとうも深刻だ。島根県西部のある町では「駆除が一番の解決だと、被害農家は言う。ところが、動物愛護の観点に立つ人々や肉のおいしい猟期に捕りたい狩猟者にとっては、駆除は面白くない。町が駆除の許可を出す兼ね合いがとても微妙」と明かす。

「西中国山地はクマの生息域。クマが誤ってかかる、くくりわなを使えず、イノシシが増える一因になっている」（戸河内町）。県境を挟む広島、山口の計十町村が同じ悩みを抱えている。

逆に、市街地ならではの難題もある。広島市に隣り合う海田町は「民家近くに出没し始めた。発砲は無理だし、わなも子どもやペットの巻き添えが怖く、仕掛けにくい」。山口、下松両市や島根県の斐川町や三隅町、八雲村でも、町場にまで縄張りを広げるイノシシの異変に触れている。

被害は農作物にとどまらない。「田のあぜや水路をイノシシが掘り、崩れる被害が起きている。あぜは個人施設で、公費による復旧が難しい」（島根県大和村）。広島県音戸町では、林道沿いの斜面が掘られて崩れ、補修の経費がかさむ。

◆要望

生息地が年々広がる一方の広島県の島しょ部では、駆除した死がいの処理に困っている。呉市や大崎、蒲刈両町は「専用の焼却場など、処理施設が必要」と国や県の補助を求める。

おいしい猪肉に注目し、特産化を狙う町村も増えている。広島県倉橋町や島根県美都町は既に、解体・加工施設の整備に踏み切った。後に続けと、広島県の湯来町や瀬戸田町、岡山県御津町、島根県広瀬町、鳥取県岩美町も食肉化の構想を描く。岡山県落合町は「幼獣のウリ坊の飼育を含め、観光に生かしたい」と夢を膨らませている。

注　アンケートは二〇〇二年十月、一斉に郵送。〇二年度のイノシシ対策予算（九月までの補正額含む）や事業の内訳を聞いた。自由記述欄も設け、事業をめぐる悩みや課題、国・県への要望などを書いてもらった。

「肉の解体・販売　島根県美都に施設」

島根県美都町は二〇〇一年九月、中国地方で初めて、イノシシの解体や販売をする町設民営の加工施設をつくった。

木造平屋四一平方メートル。約五百六十万円をかけ、四〇〇キロの肉を保管できる冷蔵庫、焼き肉やしゃぶしゃぶ用にスライスする機械なども購入。駆除したイノシシの始末に悩む、中国地方の自治体から視察が相次ぐ。

保健所から、猪肉の処理や販売に必要な許可も得ている。

肉の買い手探しが課題、という。これまでは、運営を担う美都猟友会（三十二人）が試しに二十頭を解体しただけ。

「町内の公営温泉や道の駅などに置けるよう、商品開発を急ぎたい」と町農林商工課の和田至さん（29）。まずは、親しみやすいぼたん鍋で味を覚えてもらい、新たな特産品づくりにつなごうとしている。

第二章　山里で

　イノシシはどこか人間に似ている。美食家で、横着で、憶病なくせに、相手が無抵抗なら図に乗る。人間がどんな手を打つか、それでイノシシの出方も変わる。第二章では、島々よりも早くから被害に悩んできた中国地方の山地から、人獣の駆け引きぶりを報告する。（二〇〇三年一月二十一日〜二十八日掲載）

山里の獣道

食いしん坊のイノシシは、農家を上回る執念で田畑を回り、実りを待つ。「こりゃ、かなわん」……。被害に遭って初めて、慌てだす農家も珍しくない。研究者の案内で、獣害の一端を島根県浜田市内の山里で追い、自衛策として脚光を浴びている箱わなの扱い方も聞いた。

人影薄れ「わがもの顔」

水たまりの底に、のたくった跡が見える。タワシに似た硬い毛も散らばっている。島根県浜田市の郊外、唐倉山（五一四メートル）のふもと。北向きに開けた谷の奥はイノシシたちの「風呂」に当たる、ヌタ場だった。

「元は棚田。三十年ほど前まで、耕作していたそうです」。農学博士、小寺祐二さん（32）が案内してくれた。人間が見捨てた田んぼを、今は獣が使っている。谷あいの湿田は、体についた虫を泥でこすり取るのにもってこいの場所なのだ。

ヌタ場から、獣道が延びていた。ねぐらに格好のやぶに、好物のタケノコが生える竹林にと、四方八方に向いている。そのうちの一本をたどってみる。

棚田跡に植えられた杉林を抜ける。山仕事に使われていた細道を横切って、人里に近づいていく。やがて、一軒の農家が見えた。

あるじは、広瀬末信さん（89）、道子さん（83）夫婦。二人とも、唐倉山の一帯で生まれ育った。「最近じゃあ、庭先に干しとる黒豆までイノシシが食いに来るんじゃけえ、やれんよね」

山の暮らしは一九六〇年ごろから、変わり始めた。幾筋も立ち上っていた炭窯の煙が消えた。「石油や電気がありゃあ、炭は売れん」と末信さん。今は自宅のこたつを暖める分だけ、細々と焼いている。

雪の朝、唐倉山のふもとの林道にイノシシなどの獣の足跡が無数に残っていた（浜田市）

裏山に、炭焼きが盛んなころの名残があった。炭材だったコナラやカシの木はどれも、根元から何本もの幹が伸びている。切り株から芽生え、伸びた枝を数年後に切る繰り返し。根こそぎ切らず、森を生かし続けた証しだ。林業が寂れ、山から人影が消えた今は、イノシシのおなかを満たすごちそう、ドングリの森だ。

七〇年代には、減反政策が離農に追い打ちをかけた。広瀬さん夫妻も八〇アールの田んぼの半分しか作れなくなった。生活費の工面に困り始めたころ、田畑にイノシシが現れ始めた。

「獣害に悩まされて、十軒ほどの集落が出ていった谷もあるんよ」。道子さんが、裏山の方角を指す。「私の実家も、そこでね。みんな、町に下りてしもうた」

ひと山越えると、谷川に出た。少し開けた河原の奥に、廃屋が何軒か見える。道子さんの言っていた廃村の跡だ。耕作をやめた田んぼはもう、ススキやカヤに覆われてしまって見えない。

「今は、イノシシの集落ですよ」。小寺さんが五年前、この集落跡に調査で入った時も明るい日中に、三〜四頭がやぶから飛び出した、という。

獣道をたどる、イノシシの目には、人間界の退却ぶりが映る。

退却にも二通りある。敵に正対しながら後ずさるか、きびすを返して逃げるか。人々はまだ、イノシシに背を向けている。

実り横取り　耕作放棄も

浜田市の中心部から東に一五キロ。下有福地区の山すその集落で、隣り合う三軒の農家がイノシシの常襲に悩まされていた。忍び寄る獣に、その対応は三者三様に分かれる。

二〇〇二年八月末の朝。あぜに立ち尽くす入野時雄さん（67）がいた。一〇アールの田の一角が渦を巻き、倒れている。イノシシの夜襲が始まったのだ。実が固まる前の、のりのような稲は、彼らの大好物。口で稲穂をしごき、かんでもみ殻を吐き出す。

「少し早いが、全部食われる前に刈るよ。収量は、例年の六割ぐらいじゃね」。イノシシが踏み倒した稲は、機械では刈り取りにくい。かまを手に、腰を曲げた。

その南隣では夜通し、古和徹雄さん（59）が田んぼの見張りで起きていた。軽トラックに身をひそめ、二十分ごとに三〇アールの田を回り、懐中電灯で辺りを照らした。

「すぐそこの山の中に入ったら、獣道だらけじゃった」。敵は予想以上に近づいている。寝ずの番は三日三晩、一人きりで続いた。

浜田市では、農家の半数以上が三〇アール未満の水田しか持っていない。わずかな収穫を横取りする獣害は、こたえる。

近重正利さん（53）は四年前、耕作をやめた。「イノシシは、台風と違うて毎年来るからなあ」。雑草が覆う休耕田に、ひづめ跡が走る。田植えや稲刈りの機械を数百万円かけてそろえても、十年でがたがくる。「どう考えても、割に合わん。米を買わにゃいけんのは寂しいが、仕方ない」

中国地方　十年で狩猟免許取得二・五倍に

狩猟免許を取る人が中国地方で増えている。それも鉄砲でなく、わなを扱える甲種免許に人気が集まっている。イノシシによる農業被害が深刻になり、自衛の手段に農家が受験しているようだ。

中国五県では二〇〇二年、合わせて千六十四人が甲種の資格を取った。銃の免許取得者が減る一方、わなの方は逆に、ここ十年で二・五倍に増えている。

県別の合格者は、広島が三百七十二人で最も多い。岡山＝二百九十三人、山口＝百八十九人、島根＝百四十八人と続く。

狩猟免許の試験は県ごとにあり、鳥獣保護法を基にした筆記問題→狩猟鳥獣の判別→わなを仕掛ける技能判定——などが出題される。各県の猟友会が、事前に講習会を開いている。

「自衛手段は〝わな〟が有効」

素人技でイノシシを捕らえるのは難しい。島根県のイノシシ対策顧問で、浜田市で捕獲調査を続けている農学博士の小寺祐二さんに、わなの選び方、仕掛け方のポイントを聞いた。

●わなの種類

イノシシを捕獲するわなは、おり型の箱わなと、バネとワイヤを使う脚くくりわなが主流。獣道を探し、その上に掛ける脚くくりわなは、高度な技術と経験が必要だ。

私は調査で耳標を付けるイノシシを捕まえるのに、箱わなを使っている。箱わなは重く、持ち運びが大変だが、脚くくりわなより、扱いは簡単だから、お勧めしたい。

●箱わなとは

金網などで作られ、高さと横幅が一メートル、奥行きは二メートルのものが多い。値段は十万～十五万円。購入補助や実物の貸し出しをしている市町村もある。

入り口の扉を閉める仕掛けには、イノシシに邪魔な針金をはね上げさせるタイプや踏み板式など、いろいろある。肝心なのは、その仕掛けから扉までの距離が遠いこと。扉が閉まりきる前に、俊敏なイノシシに逃げられないようにしたい。

扉は、素早く閉まらないといけない。引っ掛かるなど、故障に注意してほしい。前後で二つ、扉がある箱わなは、それだけ故障の確率が高くなる。片扉にして、使う方がいい。

●どう掛けるか

箱わなを置いた日にすぐ、扉が閉まるようにセットしてはだめ。警戒心の強い個体は、見慣れない箱わなになかなか近づかない。焦らず、わなの中で遊ばせてから、扉が閉まるようにする。

餌でおびき寄せる箱わなを、田畑の見える場所に置くのは禁物。餌に誘われて近づいたイノシシが、米や野菜が実っている場所を覚えてしまう。

●こんな時は

「ツキノワグマが掛かった」「わなだけでは作物の被害を防げない」――。イノシシ対策の講演に行くと、よく聞かれる。高さ一メートルの箱わななら、屋根の真ん中に、直径三〇～四〇センチの穴を開けておけば、クマはそこから逃げ出していく。

農作物被害を防ぐには、田畑をトタン板や電気柵で囲い、わなは補助的に使った方がいい。

禁猟の楽園

霜の降りた刈り田で、ナベヅルの家族がのどかに落ち穂をついばんでいる。本土で残り一カ所となった渡来地、山口県熊毛町の八代盆地。

昔ながらの冬景色のようで、実は違う。この十年、田んぼの水はけを良くする工事が進み、好物のドジョウや貝がすめる湿田は姿を消した。ナベヅルは今、冬でも水を入れたままにしておく、わずかな給餌田でしか見られない。

給餌田から一〇〇メートルほど離れた、町の野鶴監視所。観光客が双眼鏡でツルを探す。何人かに一人は、背景の見慣れない物に気付く。「あれは何だ?」

盆地を囲む山並みの南すそに長々と、金網フェンスが延びている。遠目にも分かる。十年前から一帯で始まった町営のほ場整備に合わせ、総延長三・七キロにわたって張り巡らせたという。

「山から下りてくるイノシシを防ぎ止める、柵ですよ」。監視所の研究員、河村宜樹さん(69)が教えてくれた。国の特別天然記念物に選ばれたナベヅルの越冬地は今、忍び寄るイノシシにまごついている。

イノシシは脚が短く、湿田や雪山は苦手のようだ。体の重みで脚が沈み込んでしまう。ほ場整備で乾いた田んぼの増えた八代盆地は動きやすく、縄張りにしやすくなった。

町内では昨年、十六頭のイノシシを駆除した。この数年、人家近くへの出没が目立ち、農業被害も年々増えている。

面食らったのは地元の農家だ。県鳥のツルを慈しみ、明治以来、盆地一円を禁猟区にしてきた。越冬期はツルが驚く騒音や車の出入り、たこ揚げも控えてきた。

現在も、渡来地を中心に山口県徳山、下松両市境まで、一〇〇〇ヘクタール余りを鳥獣保護区に定めている。狩猟はむろん、駆除だって難しい。発砲音にツルが脅えて寄りつかなくなるからだ。愛鳥家の心遣いが、イノシシの侵入を許すすきになった。

「谷あいに多かった棚田が耕作放棄で山に戻っているのも、イノシシが里に近づきやすくなった一因でしょう」。地元の民間非営利団体（NPO）「ナベヅル環境保護協会」事務局の末松幹生さん（47）は推し量る。

ツルは餌場とねぐらを朝夕、行き来する。人里離れた棚田は、貴重なねぐらだ。湿田は夜、キツネなど害獣の侵入を水音で教えてくれる安全地帯だった。一九七〇年代に始まった減反政策で、耕作に手間のかかる棚田は真っ先に見放された。ねぐらが集まっていた隣の徳山市の里山も七九年、ゴルフ場に変わった。

昨年春、ツルが突然、ねぐらの一つを捨てた。現場で末松さんが見たのは、イノシシがのたくり回した跡だった。

戦前の四〇年に三百五十五羽が舞い降りた八代盆地も、今年は十二羽。減り続ける飛来数は、イノシシ侵入の前触れでもあった。

一頭十万円　盆地の町、猟果上がらず

イノシシの駆除に「一頭につき十万円」という、破格の奨励金を出す自治体がある。中国山地の丘陵に開けた岡山県勝央町。中国地方の五県の中で、ずば抜けて高い。隣り合う一市五町でも、奨励金は五千〜二万円どまりだ。

イノシシは一九九四年に突然、町内に姿を現した。「ここらは、キジの宝庫でな。イノシシのように大きな獣は、おらなんだ」。四十年間、猟を続けてきた町の猟友会長、竹久美好さん（65）は不思議がる。

農家はもちろん、無警戒だった。食害といえば、ハトかカラス。対策は、作物に防鳥ネットをかぶせるぐらいだった。無防備な田畑。イノシシは深夜、人知れず餌場を広げていった。被害が広がり、九七年、農家からの苦情が急増した。慌てた役場が打ち出したのが、十万円の奨励金だった。「前の町長の考えでね。イノシシを捕まえにくい地形を配慮したんです」。町産業課の福田慶三課長補佐（50）は、当時を振り返った。

町内は、なだらかな丘陵が囲む盆地。獲物を追い込める谷が無いから、小人数では追えない。駆除班は、一チーム十二人の大所帯で動く。肉も奨励金も参加者で山分けだから、一人分は数千円にしかならない。十万円は決して高くないのだという。

駆除の成果は思わしくない。年間に十頭も捕れない。「わなを仕掛ける方が、楽に捕れんかね？」。駆除班の問いかけに、役場は渋った。「山際には民家が多い。わなの危なさを知らない子どもがけがでもしたら、許可した町は賠償責任を負わされる」

わななら一人でも仕掛けることができ、奨励金を独り占めできる。やっかむ声が広がれば、せっかく組んだ駆除班のやる気もそがれてしまいかねない。

町としてはもう一つ、守りたいものがあった。日本一の生産量を誇る特産の黒豆である。八五年から栽培を勧め、耕地の二〇パーセント近い二七〇ヘクタールを占めるまでになった。町を貫く中国道で関西地方に運ぶと、市場で一時は一キロ当たり二千円。米の十倍近い買値が付いた。

黒豆農家の松尾節子さん（66）が、山向こうの美作町を見やる。「人が引いた町境なんか、お構いなしですから。ひょいと越えてくる」。収穫間近の畑に、イノシシが食べ残した黒豆の皮が散らばっている。

昨年秋、松尾さんの畑近くで体重一〇〇キロ近くありそうな雄が見つかった。休耕田をヌタ場にしていた。駆除班員が追ったが、美作町の山に逃げ込まれた。町境を越えると、鉄砲は撃てない。

「いっそ、柵で町ごと囲ってしまえばええが、そんな金はないし……」と町産業課。最近、鳥獣保護区の森林公園で、イノシシが目撃された。周りには黒豆畑が広がる。迎え撃つ決め手は、まだ見つからない。

果てなき模索

移住先の田畑で影再び

「イノシシの被害で消えた集落がある」と聞いた。中国山地を背にした広島県湯来町の南部、阿弥陀山のふもと。車一台がやっと通る急坂の向こうに、めざす中倉集落の跡はあった。

棚田の石垣はこけむし、水路に雑草が茂る。廃屋近くの墓地に、一回り大きな墓が立っていた。碑文に「幾百十年来の歴史も漸く終焉近きを想う」とある。滅びを予感した住民たちの共同墓だった。墓を建てた一九六七年、集落には誰もいなくなった。

広島市安佐南区に住む田村満義さん(75)、スミエさん(73)夫婦が、中倉集落を離れたのは六二年。離村は早い方だ。五〇年代後半に現れたイノシシの被害に耐え切れなかった。「何を作ってもだめ。コンニャクイモ以外は、全滅じゃったねぇ」とスミエさん。

集落には三十戸、二百人ほどが暮らしていた。二つの谷が南向きに開け、棚田や段々畑が並んでいた。水はけがよく、米や野菜、コンニャクイモがよく取れた。

住民は農地を木製の柵で囲い、銃で追った。爆音を鳴らす脅し道具も竹筒と炭の粉で手作りした。「戦後はひどい食糧難でね、山の奥まで田んぼを広げとったんですわ。イノシシらのすみかを横取りした付けが回ったんかなあ」。当時は憎いばっかりだった満義さんも今は、そう振り返る。

町内に一人だけ、かつての住民が残っていた。元川憲雄さん(71)。中倉集落から一・五キロほど下った、国道沿いの集落に住んでいる。「うちは一家七人、イノシシに追い出されたんよ」

一九六三年の暮れ、元川さんは山を下りた。昭和三十八年、「サンパチ豪雪」の年である。獣害と、雪と——。人々は我慢できず、海沿いの温暖な都市部に移っていった。人手が減ると、水路や道の補修、祭りや葬式は滞った。集落は崩れ、そして廃村になった。

元川さんは引っ越し先でも、三〇アールの田畑を作ってきた。イノシシの夜襲は気配もなく、耕作に打ち込めた。のんびり、耕作を続けてゆく心づもりが九〇年ごろ、狂った。イノシシが、また現れたのだ。

電気柵を買い、田畑を囲った。だが、電線に雑草が当たると電圧が落ち、効果がない。ひと雨ごとに草が伸びる夏場は、草刈りや見回りに気を抜けない。「中倉の集落が防波堤だったんじゃね。あそこでせき止められとったイノシシたちが、里に下りて来たんじゃろう」と元川さん。「根比べは、いつ終わるんかねえ」

毎年八月、元住民たちは墓参りを兼ね、集落跡に集まっていた。「古里がイノシシのねぐらになるのは忍びない」と、元の田畑や自宅の周り、道端で草を刈った。廃村から三十六年。その集いも二年前のお盆から、開かれなくなった。

主客転倒　集落防衛「人がおりに」

山すそにぐるり、イノシシよけの電気柵が続いている。島根県日原町の堤田集落。三三ヘクタールの農地と五十八戸の家々すべてが、約四キロの長い柵の内側にある。

集落の三方を山が囲う。開けた西側には、JR山口線と高津川が延び、イノシシの侵入をさえぎってくれる。獣害がひどくなる一方だった一九九七年。集落ぐるみで県の補助金百三十万円を受け、電気柵を張った。

「電線は、城壁みたいなもの。おかげで今は、安眠できる」。事業の世話役を務めた林孝雄さん（71）は笑う。ほんの五年前まで、農繁期には眠れない夜が続いたという。

トタン板で田畑を囲うのは序の口。水田わきに掘っ立て小屋を建て、寝ずの番をする住民もいた。収穫前は連日、夜通しでたき火をしたり、空き缶を打ち鳴らし、姿を見せない敵を脅した。

「においを嫌うから」と古タイヤを燃やす人も現れた。黒煙と異臭が辺りに広がり、隣近所の

集落の周りに張り巡らせた電気柵を交代で見回る住民（島根県日原町）

いさかいの火種になりかけた。

あの手この手を尽くしていたある日、集落のど真ん中にイノシシ親子が姿を見せた。家の庭先で、自家菜園のサツマイモまで食い荒らされた。「一人ひとりが頑張っても、イノシシから見れば、すきだらけだったんですねえ」と林さん。

農家の大半は、会社勤めとの掛け持ち。週末しか、田畑に出ない。機械で耕すから、作業は早い。農地に人が姿を見せる時間が減った。田んぼにすき込む下草や薪を刈りに、裏山に入ることもなくなった。イノシシが恐れる人間の気配が、薄らいでいた。

「昔のやり方には戻れない。それでも、田畑を守る方法を考え合おう」。ひねり出した対策が、人間の方が電気柵という「おり」の中に入る、動物園と裏返しの生活だった。

電気柵には七〇〇〇ボルトの高圧電流を流す。触れると、金づちで殴られたような衝撃が走る。しかし、電線が切れたり、雑草が電線に触れて電圧が下がると、効果がない。住民は交代で、五日ごとに見回りを続ける。

おかげで最近は一頭も入らない。ところが、周りの集落から苦情が出始めた。「あんたの所のイノシシがこっちに来よるで」。急きょ、おり型の箱わなを三基買い、柵の外に仕掛けた。四年間で六十頭近く捕まえた。

もっと意外な声が、内部から聞こえてきた。獣害が消えても、農家の四分の一が「自分の代で農業をやめる」と集落アンケートで答えたのだ。

電気柵もどうやら、決め手ではないようだ。二〇〇二年夏、幼獣のウリ坊が三〜四頭、地面を掘り、電線のすき間から集落に忍び込んだ。

「若いもんと一緒に、集落の守りを固めんといけん」。電気柵管理の責任者、斉藤真市さん（54）の関心は、柵の内側にも向き始めた。

牛を放牧　獣害消えた

水田がいったん荒れると、イノシシの格好のねぐらになる。山口県日置町の山あいの奥畑地区も、十年ほど前まで荒れ放題だった。町内の二農家が牛を放す試みが、風景を一変させた。

藤本通さん（71）は友人の熊野菅人さん（65）を訪ねる途中、奥畑地区を車で通りかかった。「イノシシがね、昼間なのに歩いとった」。度肝を抜かれた。

一帯は背丈ほどのカヤが伸び、二ヘクタールの棚田は見る影もない。聞けば、六戸の農家すべてが高齢者。後継ぎもなく、耕作をやめていた。「田んぼを作ってもらえんか」。すがるような願いに、「体が動くうちなら」と藤本さんは請け負った。

熊野さんも加勢して、棚田のカヤを刈り、イノシシ対策にトタン板で囲った。すると今度は、シカが囲いを飛び越えてきた。

「田んぼはやめて、牛を飼うちゃどうかね」。熊野さんの思いつきに、地権者も「荒らすより、まし」と賛成した。藤本さんは一九九〇年、三頭の繁殖牛を買い入れた。言いだしっぺの熊野さんは人工授精の資格を取り、農閑期に続けていた酒造りの杜氏を辞めた。

荒れ放題だった棚田は一年で、牧場に変わった。牛の親子六十頭余りが、のんびり草をはむ。もう、獣害は心配ない。育てた牛は、肉用牛として年間三十頭前後を出荷する。県内をはじめ、広島から視察に来る畜産農家が増えてきた。

「寂れていた古里がよみがえったようで、うれしい」。お盆や正月に帰郷した後継ぎや家族たちが牧場を見に来る。町内で洋服店を営む河瀬治さん（60）もその一人。父親の死後、二十六歳で実家を離れた。

奥畑を出るまで、父親を手伝い、収穫期は夜通しで水田の見回りもした。父の口癖は「コオロギが鳴かん田んぼを探すんよ」。イノシシが潜む田んぼは、おびえて虫も鳴かなくなる。

「でもね」と河瀬さんは続ける。「被害に腹も立ったが、イノシシがおらんようになったら困る、とも思った」

猟は、農家の冬の楽しみだった。河瀬さんも亡き父も、銃の免許を持っていた。獲物の肉は、冬場の大事なタンパク源。イノシシと農家は、「持ちつ持たれつ」の関係だった。

イノシシは普通、ずうたいが自分より大きな牛を敬遠し、近寄ろうとはしない。休耕田が生き返り、獣害も防げる牛の放牧は今、農家の注目の的だ。ただ、農村の多くは、現役の田畑と休耕田がまぜこぜの状態。藤本さんも「休耕田をまとめるなど放牧地を広く取らないと、牛の力を借りるのは難しい」と言う。

どの田を残し、どの田に放牧牛を入れるか——。地域ぐるみの土地利用が問われている。

根絶やしはかり多額の予算

イノシシのひづめ跡が点々と、山肌や川岸の新雪に残る。中国山地の島根県仁多町は、雪化粧で新年を迎えた。

仁多町はイノシシ対策に本年度、中国五県の市町村で最も多額の千六百三万円をつぎ込んだ。「町の宝、仁多米を守るためですから」と町の景山利則農林課長（54）。

町面積の九割近くを山林が占める。入り組んだ谷に棚田を刻み、代々守り継いできた。源流の岩清水、肥えた土、寒暖差の大きな気候……。「仁多米は、奥出雲の水と土、風の結晶」と誇る。

全国でも最高ランクの米どころは、獣害に悩まされ続けている。サルの群れが減った一九九五年ごろ、今度はイノシシが増え始めた。九七年度に三十頭どまりだった駆除頭数が、九八年度には七十頭と倍増した。

「どんどん捕ったが勝ち」と、町は九九年春に捕獲奨励金を大幅アップ。イノシシ一頭当たり六千円だったのを二万円と弾んだ。その結果か、駆除数が跳ね上がり、その年百七十七頭と倍増、二〇〇〇年度はさらに三倍増の五百二十五頭に達した。

中国地方随一の対策予算も、九割近くは捕獲奨励金に充てた。過去最高の七百頭分である。

「農業に邪魔なんだから、捕り尽くせばええ。見たけりゃ、動物園にでも行けばええんです」。岩田一郎町長(77)は、あっけらかんと言い放つ。近年なぜ増えたのか、原因探しは二の次、と言う。

連続で五期目。会社員並みの農家所得をめざし、農政に投資を惜しまずにきた。一年中、おいしい米を出せる冷蔵式カントリーエレベーターやたい肥センターを建て、販路の開拓に第三セクターも設けた。

地方分権で九七年度から、イノシシ駆除の許可権限が知事から市町村長に移ったのも、岩田町長の強腰を支えている。

町民は、まだ冷静だ。「根絶やしと力んでも、隣町の山に逃げる」「捕り尽くしたら猟にならん。ハンターも、そこまではせんよ」。そう言って、自衛策に精を出す。

町北部の郡集落は一年前、イノシシよけに総延長七キロの鉄筋柵で、地域をまるごと囲った。約三百万円の経費は、戸数の九割近い農家が相談し、「中山間地域等直接支払制度」で賄った。

「防護柵は金もかかるし、力仕事。高齢世帯や独居の家が自力で囲えなければ、隣近所ともめ事になりかねない。和を考えて、集落共同にした」。まとめ役の杠富雄さん(75)は、わが田だけを囲うトタン板の消えた田園風景に目を細める。もっとうれしかったのは、柵を張るのに若者が年配者をいたわる光景だった。

郡集落のように、地域ぐるみで防護柵を張れる所は多くない。農村といえども、集落のきずなは確実に薄らいでいる。

「集落ぐるり〝万里の長城〟」

どん欲なイノシシを相手に、江戸時代は共同で予防線を張った。シシ垣である。住民が総出で、山あいに石垣や土塁を築き、集落を囲った。現代は電気柵などの利器で、田畑の際をぎりぎり囲うだけ。「シシ垣よ、よみがえれ」と、再評価の運動も起きている。

中国地方で最大級のシシ垣が、広島県安浦町にある。瀬戸内海を望む扇平山（三九〇メートル）の中腹。一抱えほどの石を積んだ垣根が、高さ一・五メートル、総延長約六キロにわたって続いている。「万里の長城と呼ぶ人もいます」と町文化財保護委員の福本俊彦さん(65)。うち四・三キロの築造を受け持った旧内平村の古文書が残っている。江戸後期の一八一二年春から、一年がかりの大工事。総工費は、広島藩に納める年貢米のほぼ一年分に上った。最前線の内平村だけでなく、周りの十七の村も建設費と人手を出し合った。

おかげで、シシ垣は一九五〇年代まで役立った。山仕事に入るために設けた木戸を、共同で管理していた。その木戸も今は朽ち果て、石垣も所々崩れ、やぶに隠れている。「もう、山で

シシ垣の遺構は集落を囲い、約6キロにも及ぶ。扇平山の中腹に延びるシシ垣の遺構では、近くに、イノシシが鼻で地面を掘り返した跡があった（広島県安浦町）

薪をとることもないけえね」。近くの農業山本貢さん（78）もあきらめ顔だ。

人が山との付き合いをやめ、人とイノシシとの緩衝地帯は狭まるばかり。農作物を守るための予防線は、次第に里へと下り、今では一人ひとりが自分の田畑だけしか囲えなくなった。

コミュニティー再生の糸口に、シシ垣跡を掘り起こす取り組みが二〇〇二年、関西で始まった。言い出したのは、奈良大文学部の高橋春成教授（50）＝生物地理学＝。広島大でイノシシなどの獣害が中国山地の過疎化に与えた影響について研究した。

「シシ垣は、郷土の文化財としてだけでなく、野生動物と共存するライフスタイルや地域開発を考えるうえで大事なヒントになるはず」。自らも〇二年秋から、住んでいる滋賀県で住民たちとシシ垣跡を調べ歩いている。ホームページ「シシ垣ネットワーク」http://homepage3.nifty.com/takahasi_zemi/sisigaki/index.html も開設し、全国に眠る遺構の掘り起こしを呼びかけている。

《シシ垣》イノシシやシカなどの獣害から農作物を守るため、石や土、木、竹などで築いた構造物。江戸時代に盛んに造られた。当時の古文書には「猪垣」「猪鹿垣」と記されている。豪雪地帯でイノシシの生息地でなかった北海道や東北地方を除き、各地の山腹に設けられた。遺構には頑丈な石垣が多く、断面を見ると高さ一・五～二メートルの台形が大半。中国地方の市町村教委や取材先で聞き合わせた結果、鳥取を除く四県の九市町村で計十カ所の石垣遺構があった。広島県の安浦町や筒賀村のシシ垣には、獣を捕獲する落とし穴が石垣脇に併設されている。

行政の試み　保護と管理、調和探る

「特定鳥獣保護管理計画」をよすがに、日本社会は今後、野生動物との共存を図る。中国地方でも島根、鳥取両県がイノシシを対象に計画を策定し、生息密度や環境などのモニタリング（測定）に入る。不確かな農業被害データを基に進めたため、効果の検証もなおざりだった、従来の有害駆除制度からの脱皮が求められる。

調査研究の拠点設置　島根県

農山村の活路を探る研究所として、全国で初めて島根県が設けた中山間地域研究センターに二〇〇三年春、鳥獣対策室が加わった。〇二年春に策定した「特定鳥獣（イノシシ）保護管理計画」を支える調査・研究の拠点だ。

「県内のどこで、どんなイノシシ被害が出ているのか、情報収集の拠点がないと、有効な対策は打てませんからね」。金森弘樹室長（42）は、組織改編で県林業技術センターから移った。

部下は五人。農業、自然保護、獣害防除などに詳しいスタッフが集まった。

国内で数少ない「イノシシ博士」の一人も迎えた。小寺祐二さん。研究の場を東京農工大から同県浜田市に移し、十年近く、中国山地で生態を調べてきた。「イノシシの生態を詳しく調べ、地形に合った農地の整理など、きめ細かな情報提供で地域を支えたい」と意気込む。

〇三年度から、わなを仕掛けた地点や期間、銃猟に入った山や参加人数、捕獲頭数などを県内全域で調べる。駆除のデータ集めは市町村にゆだね、インターネットで送ってもらう。狩猟データは、独自の調査書をハンターに配る。

保護管理計画は「(野生動物の)地域個体群の長期にわたる安定的な保護繁殖」によって、人との共存が目的。獣害が出るほど増やさず、絶滅の恐れが出るほど減らさず――のバランスを取る。保護と管理(駆除)の調和を図るべき行政が、保護は環境担当、駆除は農政担当、という従来のタテ割り組織では、さじ加減が難しい。

島根県は計画を定めると、中国五県でいち早く、組織を見直した。〇二年春に鳥獣対策室を新設、そして中山間地域研究センターの新築移転。「獣害対策には地域密着の指導が不可欠」と〇三年度から、専門員・普及員も養成する。七つの農林振興センターの管内ごとに、県や市町村の職員に害獣の生態や被害防除策を学ばせる。

捕獲増えても減らぬ害

やぶに潜み、大きな群れをつくらないイノシシは生態がつかみにくい。地域に何頭いるのか、行政は知らず、農家の求めるまま、従来は有害駆除の許可を出してきた。

中国五県では二〇〇一年度、イノシシは駆除だけで過去最高の計四万四千百八十一頭が仕留められている。一九九二年度からの十年間で、駆除を含む捕獲数の伸びように比べ、実は農業被害額はそれほど減っていない。

「田畑の作物の味を覚え、人里近くに居着いたイノシシを捕らないと、被害は減りません。人を恐れ、奥山にとどまっているイノシシまで猟犬や銃で追い散らしたら、かえって逆効果」。動物行動管理学の研究者、麻布大(神奈川県)の江口祐輔講師(34)は、「数多く捕りさえすれば、被害が減る」との思い込みを戒める。

人里近くにすむイノシシの駆除には、事故の恐れがあるため銃は使いにくい。代わりに、島根、広島、山口県では箱わなの普及が進んでいる。ところが、島根、鳥取両県の「特定鳥獣保護管理計画」は、ともになぜか、わなによる駆除推進には触れていない。捕獲圧アップに対する方策は、猟期の一カ月延長だった。

「お金の問題です。狩猟で捕獲数を稼げれば、市町村の持ち出しが少なくて済む」。島根県鳥獣対策室は内幕を明かす。駆除と違い、狩猟での捕獲なら、市町村は報奨金などを出さずに済む。不況で予算削減を迫られた行政のしわ寄せが、こんな所に顔を出す。

被害額算定基準なし　データに基づく検証必要

岡山県北西部の新見市では二〇〇二年度、イノシシによる農業被害額が前年度の四・五倍、八百八十六万円に急増した。駆除の申請に必要な被害農家の届け出に、「補償があるわけじゃなし」と減収額を書かないケースが多かった。市が被害額の記入を徹底させた結果、総額が跳ね上がった。

農業被害額があいまいなのは、算定の基準がないせいもある。市町村の職員が現場で目測するのはまだしも、農家が言うままを書くだけの所もあった。だから、数字がぶれる。

農閑期もトタン板と金網の囲いでイノシシを田畑に寄せつけない（広島県吉田町）

こうした中、島根県は〇一年度から、市町村に渡す被害報告マニュアルを独自に作成。米や野菜など商品作物について、市場価格に照らした被害額の算出を求めている。ただ、これも農家の自給用作物の被害まで市場価格で評価してしまうのが傷だ。

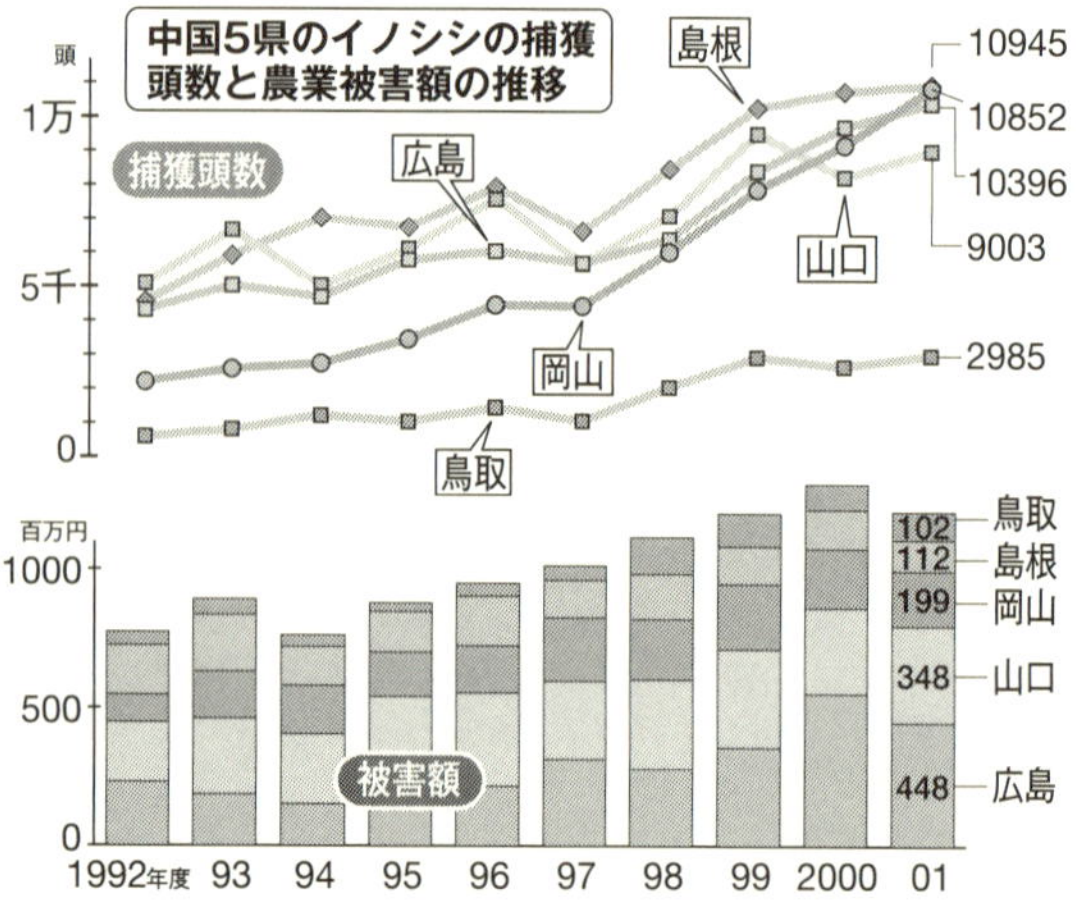

どこで、何頭捕った結果、どれだけ獣害が減少したか――。科学的データに裏付けられた検証こそ、保護管理計画の要である。手は抜けない。

「踏み荒らし」面積のデジカメ測定法研究

イノシシに踏み倒された水田をデジタルカメラで撮り、被害に遭った面積や減収量、金額を概算する被害測定法の開発に、広島県立農業技術センター（東広島市）が取り組んでいる。農林水産省の補助事業で、うまくいけば国内全域の調査手法として採用される。

農業被害の調査は従来、農家からの聞き取りや目測頼りで、被害額の算定は大ざっぱなケースが多かった。全国の都道府県で「特定鳥獣保護管理計画」づくりが進む中、被害の実態把握が不可欠と踏んだ農水省が二〇〇二年度から、イノシシ版の測定マニュアル作成を広島県、サル版を山口県に任せた。

イノシシ被害は主に、水田の稲をなぎ倒す「踏み荒らし」と実った米や野菜、果物を食う「食害」の二つ。同センターは「踏み荒らし」に着目。デジカメの写真データをパソコンに取り込み、撮影角度による画面のゆがみ補正から、被害面積をはじき出すソフトの開発をめざす。二〇〇二年夏と〇三年夏、山間地の双三郡三和町と島しょ部の倉橋町で被害データを集め、役立てる。

センターの副主任研究員星野滋さん（38）は「実測で田んぼに入るのは、被害農家の手前、気も引ける。デジカメを使えば手軽だし、調査の精度も上がるはず」と研究を急いでいる。

第三章　欧州事情

農業被害にいら立ちながら、イノシシ制圧にはどこか及び腰の山里を第二章で見た。第三章では、野生動物との向き合い方が日本と違う欧州事情を眺めてみる。取材班は二〇〇二年秋、イノシシ研究でヨーロッパへ調査に向かうという東京農工大の神崎伸夫助教授（40）に同行し、ポーランド、フランス両国を訪問した。

（二〇〇三年二月十七〜二十四日掲載）

狩猟の伝統と生態系

ハイシート猟「国民の財産」待ち伏せ

月明かりにぼんやり、晩秋の森が浮かんでいる。「出てきた、あそこ」。声を殺し、カメラマンが指す。森の端っこ。影がちぎれた。双眼鏡でのぞくと、雄ジカが首を伸ばし、気配を探っていた。

ポーランド南部の山岳地帯。スロバキア国境が近い。取材班の二人は昨年十月下旬、英語で「ハイシート」と呼ぶ、物見やぐらの上の射撃小屋で一晩を過ごした。

地上五メートルの小屋は狭い。畳一枚ほどの簡素な木製の二段ベッドと、打ちつけのいすの前方にだけ、窓がある。銃を置く射撃台だ。ライフルの代わりに望遠カメラを構えたが、イノシシは現れなかった。

「日本の森でもいつか、獣の捕獲や調査用に普及するかもしれません。経験しといて損はないですよ」。野生動物保護学が専攻の神崎助教授の勧めだった。

ハイシート猟は、餌や岩塩で獣をおびき寄せ、通り道で撃つ。安全だし、狙い通りの獲物かどうか確かめられる。敵は睡魔。見張り番を兼ねたガイドを伴い、寝て待つハンターが大半という。

「VIPの小屋は特別仕様だよ。ブランデー付きのね」。神崎助教授の共同研究者ペジャノスキー博士（50）がウインクした。博士は、国境沿いのビエスチャディ国立公園の近くにある国際生態学研究所の支所長を務める。

待ち伏せ猟に使うハイシート。ライフルを携えた森林官がガイドに付く（ポーランド南部）

一帯にはかつて、共産圏の政治家たちが好んだ猟場があった。「ブレジネフ（故人、旧ソ連の元書記長）はイノシシ猟にぞっこんでね」と博士。独裁で銃殺されたルーマニアのチャウシェスク元大統領はクマ撃ちだったという。

社会主義体制の崩壊で猟の客層は西欧に変わった。VIPも、モナコ王妃やフランス大統領に。ドイツから来るハンターが特に増えた。ハイシート取材で道案内を頼んだ現地の森林官は、英語よりドイツ語がずっと得意だった。

西欧人ハンターのお目当ては、シカの角やイノシシの牙。トロフィー（記念品）にする。狩猟権を含め、何十万円という高額をかけても獲物を狙う。狩猟は今や、外貨獲得のための大事な産業なのだそうだ。

ただ、撃ち放題ではない。猟をする地域や日時、狙う鳥獣の種別を厳密に申請する。獲物は雌か雄か、何歳ぐらいの個体かを決めないと、猟の許可が下りない。違反すれば減点となり、六回で免許を取り上げられる。猟期中は原則、四十七種の鳥獣をどれでも狙える日本とは随分違う。

「野生動物が誰のものなのか、考え方の大本が違うんです」。なぞ解きのヒントを神崎助教授がくれた。「誰のものでもない」とみる日本と違い、ポーランドでは「国民全体の財産」と考える。動物のあるじは人間――。この国の狩猟には、そんな気骨が見て取れる。

敵役は人間

「野生動物の問題というのはポーランドの場合、狩猟鳥獣の問題と考えてくれればいい」。同国内でヒグマやイノシシなどの大型獣を調べているペジャノスキー博士の説明は、単純明快だった。要は、人間の出方なのだ。

ポーランドは市街地などを除き、国土の八〇パーセントを「猟区」という五千ほどの管理猟場が占めている。一つの猟区は三〇〇〇ヘクタール以上がルール。有明海の干潟や富士山ろくの樹海より広い。猟区の二〇パーセント近くを営林署が管理し、残りは国内に三千五百ほどある狩猟クラブが引き受けている。日本の猟友会に当たる組織だ。

「狩猟クラブは三つの義務を負う」と博士は言う。給餌と密猟の監視、鳥獣センサス（生息数調査）である。栄養障害を防ぐ岩塩を草食獣にやったり、森に畑を作ってイノシシやシカが里まで下りてこないようにするのが給餌。センサスは、撃ってもいい野生動物の種や数を政府が判断する基になる。

猟区で捕れた鳥獣の肉は、公社が輸出用に買い上げる。その売り上げや政府補助金、一万円ずつの年会費がクラブの収入源。獲物が多い猟区ほど人気が集まり、財政は潤う。一方で、イノシシなど狩猟獣による農業被害は、クラブが償わなければならない。森に獲物をとどめ、里の農地に近寄らせなくする給餌は、一石二鳥の策のようだ。

公益を背負う分、ハンターの社会的な地位は日本と比べて格段に高い。そのせいか、ポーランドのハンターは約十万人で横ばい。日本は人口が約三倍なのに、ハンターは二倍足らずの約十六万五千人（銃猟）で、年々減り続けている。

「狩猟は、ヨーロッパでは文化。人生の実りの時である熟年期を、豊かに味わうライフスタイルなんだ」。首都ワルシャワで会った生態学者、イェドリッチコウスキーさん（59）は誇らしげに言った。彼自身も狩猟免許を持っている。

狩りの朝は早い。友人たちと森に入り、日が暮れるころ、獲物を家に持ち帰る。猟仲間や家族とともども暖炉を囲み、肉料理やワインを味わい、談笑を楽しむ。その一部始終が狩猟なんだと、イェドリッチコウスキーさんは熱心に説く。「肉だけを堪能したいんだったら、スーパーでもファストフード店でも行けばいい。狩りは違う。スローフードの世界なんだ」

狩猟熱をうまく生かし、野生動物の勢力をコントロールする盾として使っているポーランド。イノシシやシカなどの獣害を抑え込む敵役を、ハンターたちは任じている。人間が、野生動物たちの天敵なのだ。

ポーランドにはもう一種、イノシシの天敵が生きている。日本では既に絶滅してしまったオオカミである。

捕食者　保護獣に

ニホンオオカミは明治時代、絶滅に追い込まれた。「地球上の命はつながり合っているという生態学的な考え方が、当時はなかった」。日本オオカミ協会にもかかわる神崎助教授は話す。

東欧で随一の勢力を誇るポーランドのハイイロオオカミも、時代の波をかぶってきた。家畜を襲う害獣として駆除され続け、一九七五年にやっと、捕獲数に歯止めがかかる狩猟獣に変わった。狩猟禁止の保護獣として全土で認められたのは、九八年のことである。

動物愛護に熱心なフランスの元女優ブリジット・バルドーさんが、ワレサ大統領（当時）に「オオカミ猟は野蛮」と手紙を寄せ、風向きが変わったという。ポーランドが加盟をめざす欧州連合（EU）の諸国からも反発が強まった。

オオカミの生息密度が乱高下した八〇～九〇年代のグラフに、神崎助教授はイノシシのグラフを重ねてみた。「オオカミが増えた時期にイノシシは減るという風に、二つの曲線は逆のカーブを描く。オオカミはイノシシの捕食者といえる」

ポーランド全土には約十万頭のイノシシがすむ。出産期の雌を除いて年中、ハンターに狙われる。個体数はほぼ安定しているが、近年、山岳部では数が急に減った。

「シカへの狩猟圧が強まり、オオカミが獲物をシカからイノシシに変えているのではないか」と現地の研究者たちはみている。オオカミの胃袋を調べ、餌食となった動物の比率をみてみると、八〇年代後半には一一パーセントだったイノシシが、九〇年代前半には四〇パーセントへと急増していた。

ビエスチャディ国立公園を含むポーランドとウクライナ、スロバキアの国境地帯は九二年、

十日ほど前、オオカミに襲われたシカの死がい（ポーランド南部）

国連教育科学文化機関（ユネスコ）から「バイオスフィア・リザーブ（生物圏保存地域）」の指定を受け、オオカミの追跡調査が続けられている。

電波の発信機を着けて放したオオカミを追う。公園や周辺には、推定で約二百五十頭がすみ着いている。オオカミの居住区と隣り合わせに、民家や農地、牛や羊の放牧地が散らばる。「電波の受信に、日本製の八木式アンテナが重宝するよ」。追跡チームのローマン・グラ博士（36）が調査エリアに案内してくれた。「ピッ、ピッ、ピッ……」。アンテナがオオカミの居場所をとらえた。「あの山だ」。でこぼこ道に車が音を上げ、泥道を歩く。山すそを流れる小川の底に、見慣れない足跡がある。オオカミだった。途端に、一行の口数が減る。向こう岸に渡ると、餌食になったアカシカが横たわっていた。

過酷な生態ピラミッド。「雪が積もると、脚の短いイノシシは動きにくい。オオカミにとっても、冬は狩りの季節なんだよ」。グラ博士は諭すように言った。

「知恵比べ」根強い人気

パリから南東に約二二〇キロ。ワインの産地として有名なシャンパーニュ地方の森シャトービランで昨年秋、イノシシの初猟に飛び入りさせてもらった。

シャトービランには約一一〇〇〇ヘクタール、フランスで最大級の国有林が広がる。そのうち八〇〇〇ヘクタールほど、東京都の山手線の内側より広い面積を猟区として、狩猟者団体に賃貸しする。賃料は年間で総計数千万円に上る。それで帳尻が合うほど、狩猟の人気は高い。

「プォー、プォー」。初猟は、主催者フランソワ・ジュリさん（55）の吹くホルンで始まった。ジュリさんは、一円で狩猟者用ホテルやレストランを幾つも経営している。「きょうは猟が終わるまで、私のそばを離れないで」。縁の赤い、おしゃれな眼鏡の奥が鋭くなった。

この日は、追い出し猟と呼ばれる伝統スタイルだった。一平方キロの猟場の四辺を、ライフルを構えた撃ち手が一〇〇メートルほどの間隔で囲む。一辺に、追い出し役の勢子や猟犬が横一線に並んで出猟。物陰に潜むイノシシを奇声や音で脅かしながら、列を崩さないように進む。撃ち手、勢子あわせて約五十人ずつが加わった。

ホルンで「進め」「休止」と合図を送るジュリさんと、勢子の列に並んだ。起伏が少なく、息が切れることはない。森の中は碁盤の目のように道が走り、つじに区画を示す番号札が掛か

一番の獲物を品定めするハンターたち。頭の下にカラマツの葉をささげた（フランス・シャンパーニュ地方）

っている。左右の勢子の進み具合が、楽に見通せた。そんな散歩気分が一瞬で、かき消えた。

「こんな所が、ねぐらなんだよ」。ジュリさんが道端のノイバラの茂みを探った途端、黒い塊が走った。「逃げたぞー」「東へ、大小五頭」。殺気立つ狩人、追う猟犬。血迷った雄イノシシが飛ぶように向かってきた。こちらが身構える間もなく、反転し、森の奥へ。「パーン」。乾いた銃声が返ってきた。

野生のスピードと鮮やかなターン。「猪突猛進なんて、大ウソだな」と実感した。早朝から日暮れまで、追い出し猟は場所を変え、三度繰り返した。獲物は締めて五十頭ほどと聞いた。

ジュリさんの猟区では四カ月間の猟期中、十五回ある週末ごとに猟を続ける。一番の人気はイノシシ猟。「隠れるのがうまくて、なかなか姿を見せない。知恵比べが面白いんだ」。帰り道、ハンターたちは口をそろえた。シカ猟は「初心者向けの、ままごとだ」と、にべもなかった。

ひと冬に、イノシシを撃つための狩猟権は三十五万円。シカも狙うなら、もう三十五万円必要になる。鳥獣の数を増やすほど、猟区の評判は上がる。

「でも、そう簡単な話じゃないんだ」とジュリさん。猟場と隣り合わせの農地で獣害が起きれば、狩猟者団体が被害補償をしなければならないというのだ。

獣害対策　フランスの場合

森に餌まき「封じ込め」

シャトービランの森を、電気柵が囲っていた。一軒ずつ田畑の際に張り巡らせる日本の風景とは違う。

「猟場からイノシシやシカを逃さないよう、狩猟者団体が張るんです。獲物を閉じ込め、農業被害も防げるから」。国立狩猟研究所のイノシシ調査班リーダー、エリック・ボベさん（35）が解説してくれた。一帯を研究のフィールドにしている。

獣害対策にもう一つ、奥の手がある。まき餌だ。収穫の秋が近づくと、狩猟者団体は猟区にトウモロコシをまく。隣り合う畑に出てこないよう、森で満腹にさせ、引き留めてしまうのだ。

二十数年前、シャトービランの農業技師が思いついた。今はフランス全土に広がっている。イノシシ好みの餌であるほど、効果が高い。好物ランキングを作ろうと、研究者は被害作物のリストや調査用のわなに使う寄せ餌の良しあしなどの情報をかき集めた。

調べた結果、上位はブナの実やドングリなど、木の実が占めた。トウモロコシ、乳熟期の小麦、ブドウと続き、ジャガイモやビート（てん菜）は下位だった。まき餌は安上がりなトウモロコシが大半だ。一頭当たり、一日に一キロ以上まく。森で木の実が落ち出すころまで、続ける。

日本にも、イノシシが食い荒らした作物リストはある。島根県が聞き取り調査で農作物や果樹、山菜など計三十五種に及ぶイノシシの雑食ぶりを裏付けた（一九九七年）。フランスは一歩進め、順位を付けた。

「お米もきっと、上位ですよ。島根米は特別おいしいからね」。ボベさんは一九九九年秋から二年間、島根県大田市の鳥獣害研究室に在籍し、中国山地を歩いた。

獣害を山でとどめる「森の畑」構想は、宮城県の市民団体がクマ対策で取り組んでいる。効果がある半面、批判にもさらされている。「栄養状態をよくすれば、繁殖力もついて増え過ぎる」というわけだ。

そんな批判を投げかけると、ボベさんの顔が曇った。「確かに、まき餌の欠点はそこなんです」。フランスの狩人たちの間で、春の出産期だけでなく、秋に生まれたウリ坊の目撃談が出始めたという。「一年に二度出産」の可能性まで、ささやかれている。「狩人たちは、研究の大事なパートナー」とボベさん。習性を知れば、成果が上がるのは狩りも研究も一緒だと言う。ただ、獲物を増やしたい狩人と、農家の利害も背負う研究者との摩擦は避けられない。

狩猟と農業との調和を保つ役割を、フランスの研究者は担っている。

猟ビジネス　地域ほくほく

フランスのイノシシ事情を取材中、狩猟者用ホテルに泊まった。

シャトービランの森に近い、小ぎれいな二階建て。玄関の脇にライフル棚がある。イノシシの素描やパステル画が廊下や部屋の壁に掛かる。夕食の時間になると、同宿の紳士が猟犬を連れたまま、一階のレストランに入って行った。

あるじは、初猟に招き入れてくれたホテル経営者ジュリさんの娘婿だった。初猟の明くる日、仕留めたイノシシの料理を昼食に頼むと、調理の一部始終も見せてくれるという。

「ようこそ」。調理場で、コック服の女性が笑顔で迎えてくれた。シェフのイザベル・デュモンさん。ジュリさんの娘だった。

天井に、半身のイノシシがつるされている。胴にライフル弾の穴。デュモンさんは巧みに皮をはぎ、関節を外し、肉を切り落としていく。「本当はね、三、四日ほど保冷室で熟成させた方がおいしいの」

イノシシ料理の種類は数多いという。この日の献立は、ぶつ切りの猪肉と玉ネギ、ニンジン、カブなど根菜の煮込み。肉をオリーブ油でいためて、ソースは地ビール入り。前菜には、地元のキノコを加えた獣肉のテリーヌが出た。

獲物のイノシシをさばき、料理するデュモンさん（フランス・シャンパーニュ地方）

フランス料理では、狩猟で捕った野生鳥獣を「ジビエ」と呼び、晩秋や冬の味として親しんでいる。日本語で言う、旬のものに似通っている。

「最近、都市部の人たちも狩猟文化に興味を持ち始めたのか、取材によく来るのよ。猟がもっと普及して、田舎の事情を知ってもらうきっかけになるといいわね」とデュモンさん。

狩猟権を売り、獲物の肉は地域の精肉業者に卸す。地元資本のホテルに狩猟者を迎え、レストランでジビエを出す……。地域内にカネを回すコミュニティー・ビジネスの仕組みが、狩猟を軸に整っている。初猟の時にイノシシを追い立てた勢子も皆、雇われた地元住民だ。

「フランスでは、狩猟はビジネスなんですよ」。取材の通訳を買って出てくれた国立狩猟研究所のボベさんが何度も繰り返した。その言葉には、二つの意味がより合わさっていた。

一つは「カネ勘定の狩猟が行き過ぎると、野生動物の行く末が危ない」という心配。もう一つは「ハンターは、人と獣との間合いを取る力になる。狩猟をめぐって地域にカネが回る仕組みがないと、狩人は減ってしまう」という現実論。

研究先だった島根県でイノシシ被害に悩む中山間地域を見ているボベさんは、旅の終わりに問いかけてきた。「日本こそ、狩猟がもっと、地域のビジネスになってもいいはず。なぜ、やらないんでしょう」

「野生を支配　気骨の狩人、農家への獣害補償も負担」

イノシシは日本固有の動物ではない。二〇〇二年秋、取材で回ったポーランドにも、フランスにもいた。農作物被害だって起きている。日本と違うのは、野生の力を知り、手中に収めようとする人間側の骨っ節。獣と向き合う、狩人の物腰にもそれは際立っていた。

ポーランド、フランスでは、イノシシはまさしく、狩猟のための獣だった。獲物になるから、生態や行動を調べ、すみかの森林管理に励む。獲物による仕業だからこそ、獣害に遭った農家への補償に狩猟者団体も納税などで一枚かんでいる。

イノシシにかける「狩猟圧」は、両国ともに高い。ポーランドでは年間、国内に約十万頭いるうちの八万頭前後を猟で捕る、という。「それでも再び勢力を盛り返すほど、繁殖力が強い動物」（国際生態学研究所のペジャノスキー博士）とみていた。

何のために狩猟をするのか？　行く先々で尋ねた。「大人のスポーツ、かな」「社交の場なんだ」……。いろんな受け答えがあった。「スポーツだから、獲物にも逃げるチャンスを残す。車や馬で追うのはアンフェア。私は自分の足で追うんだ」。こだわりを説き始める人もいた。

「狩猟は、野生動物の保護に役立っているんだよ」。ポーランドの生態学者イェドリッチコウスキーさんは、誇らしげに言った。その証しが、首都ワルシャワの国立狩猟・馬術博物館にあった。狩人が物にした鳥獣のはく製に交じり、シカ角の妙な標本が並んでいた。ねじ曲がったり、ささくれた角ばかり。

ハンターには、病気や発育不良で弱った鳥獣を仕留める責任があるという。「本当は、生態

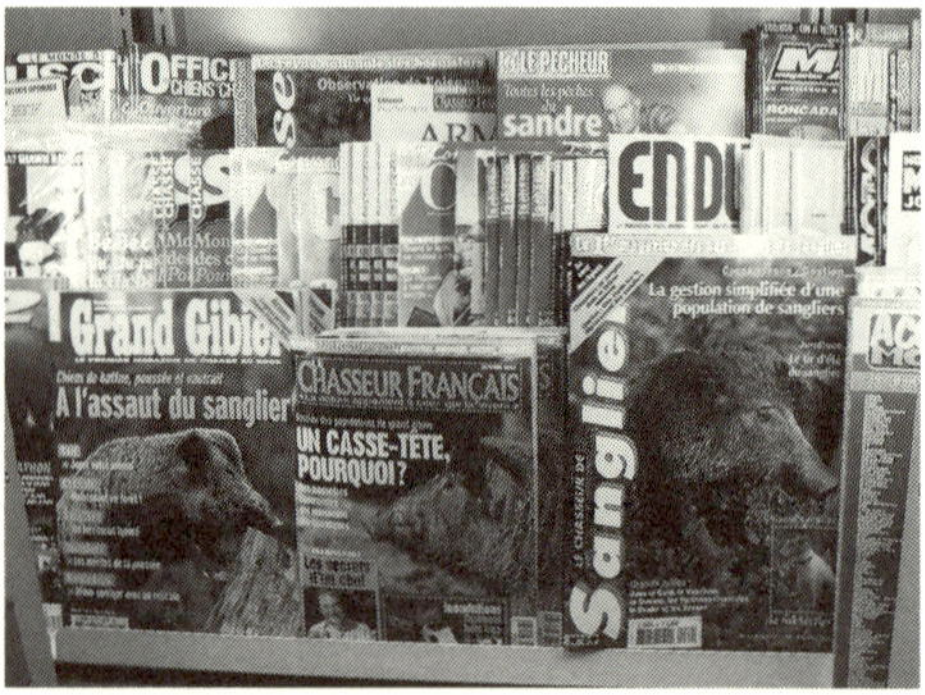

ド・ゴール空港の売店に並んでいた狩猟雑誌。表紙の写真はどれも、人気のイノシシ（フランス・パリ）

ピラミッドの頂点に立つオオカミの仕事なんだけどね。今はハンターが代役なんだよ」とイェドリッチコウスキーさん。標本は、角でシカの状態を見分けるハンターのための教材だった。

フランスの猟区には、簡素だが日本のゴルフ場にあるようなクラブハウスがあった。出猟前、たばこやコーヒーを手に談笑し、はやる気持ちをほぐし合う。昼食時に戻ると、自慢のワインを開け、郷土料理が盛りだくさんの皿を楽しむ。猟に集まった九割方は中高年の男性だが、妻や中学生か高校生ぐらいの息子や娘も連れてきていた。「猟は社交の場」というのは本当だった。

クラブハウスには解体場と保冷室が隣り合っていて、地元の精肉業者がナイフを研ぎ、獲物の到着を待っていた。

肉質が違うのだろう。イノシシを雄雌や年齢別で細かく呼び分ける。日本で「ウリ坊」と呼ぶ幼獣をはじめ、生後四、五カ月の体重一五キロ前後の個体は「赤毛」、ひと冬越して毛が生え変わると「黒毛」。二歳の雄と雌、三歳の雄と雌にも、それぞれの呼び名がある。肉食文化圏のこだわりには、舌を巻いた。
日本への帰りがけ、パリのド・ゴール空港の売店で月刊の狩猟雑誌を見つけた。ファッションや車の雑誌のはざまに三誌が並ぶ。表紙はどれもイノシシの写真で、一誌には「イノシシへの熱情」という文字が躍っていた。

イノシシ研究進むフランス

フランスでは、国立狩猟研究所（本部・パリ）を軸に、狩猟鳥獣の生態や行動の解明が進む。研究所発行のパンフレットから、イノシシ研究の成果を一部紹介する。

●繁殖力
雌の年齢や体重で変わる。体重三〇～四〇キロの雌は平均で二、三頭の子を産み、六〇キロ以上なら五、六頭が平均。雄雌の比率にも左右される。

●ドングリ好き
大半の年で、ドングリとブナの実が摂取量の半分以上を占める。ドングリがよくなる年は、発情の休止期間が短くなる。普通は十二月に始まる発情期が九月に繰り上がることもある。

●イノブタ
ブタとの交雑がもたらす害悪は甚だしい。大脳や感覚器官、特に鼻、嗅覚の衰退が観察されている。動物種の遺伝形質を純粋に保つことが望ましい。

●定住志向

生まれた場所から半径一五キロ圏を超えて暮らすようになる個体は約一〇パーセントどまり。雌同士は二、三頭で群れをなし、子どもと一緒に生活する。雌は一歳ほどで群れから徐々に離れ、生後十八カ月になると独りで暮らすようになる。

●猟区の管理

頭数を増やしたければ、体重五〇キロ未満の個体を優先的に撃つといい。繁殖の柱になる成獣を残せば、増加が見込める。逆に増え過ぎたら、次の出産期までの駆除に全力を挙げる。

『イノシシ博士』奮闘中　中国地方で研究重ねる五人

野生動物の研究が盛んな欧州に比べ、日本では博士号を取ったイノシシ研究者はまだ、十人もいない。そのうち五人は中国山地や周辺を調査フィールドに選んでいる。中国地方にゆかりの深い「イノシシ博士」五人の横顔を紹介する。

単独型社会の習性確認――仲谷淳さん

近畿中国四国農業研究センターの鳥獣害研究室長、仲谷淳さんは「兵庫県の六甲山イノシシ研究の第一人者」とも呼ばれている。

博士論文の研究フィールドが六甲山だった。神戸市民の餌付けで人への警戒心が薄い野生イノシシに着目し、追跡した。水や弁当を入れたリュックを背負い、長い時は三十六時間続けて観察した。「猟師などを恐れて夜に出るけど、本当は昼行性の動物なんです」

獣道はやぶだらけ。毎日、シャツが破れ、おじゃんになった。夜はイノシシの寝息を聞きながら、そばで寝た。「体格や耳の傷などで、一頭ずつを見分けて。研究の対象に二百頭ほど、追いかけた」。そうやって、雄も雌も基本的に単独型の社会を持つイノシシの世界を明らかにした。

和歌山市内の女子短大で教壇に立っていた二〇〇一年十月、全国公募で現職の鳥獣害研究室長に選ばれた。「今度は農業研究者の立場。獣害に悩んでいる農家や自治体が自力で解決に立ち向かえるよう、地域に専門家を育て、組織したい」

守備範囲は広い。中国山地だけでなく、繁殖が進む瀬戸内海の島にも出向いている。和歌山県北部のかんきつ農家で育った。「農業や田舎暮らしが、やりがいあるものになっていくよう、農家や都市住民とともに、獣害対策を考え合いたい」と夢を描く。

行動パターン、意欲的に追う――小寺祐二さん

島根県のイノシシ対策顧問を務める小寺祐二さんは、若手の行動派。浜田市や周辺の山々を軽ワゴン車で走り、発信機を着けたイノシシを追い掛ける。

東京から浜田に移り住んで丸八年。東京農工大の院生時代、担当教官だった神崎伸夫助教授

の勧めで調査地に選んだ。「イノシシのすみかを探し、航空写真に写っている林道や山道などをしらみつぶしに回りました」と振り返る。

石見地方の山あいは耕作放棄地だらけだった。数年でやぶに変わり、イノシシには格好の隠れがになっていた。

博士論文のテーマは「イノシシがどんな環境をすみかに選ぶか」。地面の掘り返し跡を丹念に探し、耕作をやめた田畑が近くにあるかどうか、なぜ耕作をやめたのかを調べた。知り合いになった猟師に頼み、獲物の胃袋も開けた。季節ごとに何を食べ、栄養状態がどのように変化しているのかを突き止めた。

「日本のほ乳類では、イノシシの生態が最も分かっていない」と言う。農業被害の出る時期の移動パターンはどうか、森の生態系でどんな役割を果たしているのか。「シカやサルに比べ、研究者が少ないのはハンディだけど、被害対策を探る上で生態研究は欠かせない」と強調する。

二〇〇三年四月からは、島根県中山間地域研究センターで特別研究員を務める。コンピューターを使って二十四時間、イノシシの行動パターンをつかむ計画だ。

保護、人間研究通じ考察——神崎伸夫さん

「野生動物の保護はつまり、かかわる人間の利害調整、心の在り方にかかっているんです」。東京農工大の神崎伸夫助教授は、人間研究こそ野生動物保護学の神髄、と説く。

学位論文では、イノシシ猟の実態や獲物の商品化ルートを調べ上げ、それらが個体群に与える影響をみた。研究先に選んだ猪肉の販売拠点、兵庫県北部の篠山市で売りさばかれる肉に、島根県産が増えている現状を知った。それが中国山地との縁になった。

東京生まれの都会育ち。過疎・高齢化が進み、獣害の悩みも深い中山間地域の島根県西部、石見地方は別世界だった。格好の調査地として、学部生や院生を送り出してきた。

関心の幅は国内にとどまらない。オオカミもすむポーランド南部で一九九六年から二年間、滞在研究。帰国後もポーランドと日本を往復し、ウクライナ、スロバキアと国境を挟む山岳地帯でイノシシの移動や狩猟管理など、ソ連崩壊に伴う社会変化が野生動物に与える影響を追っている。

経済も人口も縮んでゆく、二十一世紀の日本。農業や農村の何を残し、何を変えていくべきかを提示し得るのがイノシシ研究のだいご味という。「でも、イノシシみたいに増えて困る動物を何とかするより、トキとか花とか、絶滅しそうな動植物を残す研究の方が受けるんですよ

ね。この国って」

動物の目線で防衛策を伝授――江口祐輔さん

高さ一・一メートルの柵を跳び越す野生イノシシをビデオに撮り、世間を驚かせたのが、近畿中国四国農業研究センターの鳥獣害研究室にいた江口祐輔さん。二〇〇三年一月、母校の麻布大に戻り、動物行動管理学の講師になった。

跳躍実験のビデオが全国放映されると、センターの電話は鳴り続けた。「指導に来て」。依頼は関東から九州まで。獣害に悩む農家には「救世主」と映ったようだ。「イノシシ研究じゃあ(飯は)食えないと、つい最近まで思われてきた」と笑う。

出身の畜産学科は牛やブタなどの家畜の研究が主流。イノシシを選んだのは、持ち前の反骨心。世界でも前例のない色覚調査に取り組み、「赤と灰色を区別しにくい」などを明らかにした。

博士論文は、飼育イノシシのお産や保育行動。「むらおこしブームで飼育に挑み、しくじるケースが当時多くて」。時には牧場で三日三晩ぶっ続けで観察。「出産後二週間、母親は攻撃的。構ってはいけない」など、飼育のこつをつかんだ。

一九九九年春、大田市に移り、野生イノシシの実験を始めた。中国山地の集落もひたすら回った。「この防護柵じゃ、越えられる」。獣の目線で感じ、考えられる自分に気付き、農家に還元すべき役割を悟った。

イノシシの行動や生態を踏まえ、賢い防衛策を農家に伝授する本を近く、出版する。「研究仲間を増やしたい」と、教育職にも意欲を燃やしている。

シシ垣に探る共生のヒント――高橋春成さん

「山間部で進む過疎の要因を探るうち、イノシシの問題に行き当たった」。奈良大文学部教授の高橋春成さんは広島大で一九七〇年から十二年間、学部生、院生、助手として過ごした当時を振り返る。

調査地に中国山地を選んだ。人口流出で荒れゆく里や山林は、クマやイノシシたちのすみかに変わり、獣害が過疎化に拍車を掛けていた。地理学の視点から、人間と獣とのかかわり方に研究テーマを絞った。

博士論文では、高度成長期に過疎化が進んだ農村部で分布域を広げたイノシシに着目。被害増に伴って捕獲数が伸びる中、都市部のレジャーブームで肉の商品化や飼育が盛んになった経過も跡づけた。調査地を小笠原諸島やオーストラリアまで広げ、野生化したブタによる被害も調べた。

滋賀県守山市の浄土真宗の寺に生まれた。研究の傍ら、住職の父を手伝っている。「被害に遭った農家の憤りは分かるが、イノシシはまるきりの悪者じゃない。駆除するにしても、殺生に対する供養の精神を忘れないでほしい」と願う。

二〇〇二年秋、イノシシよけのため江戸時代などに築かれたシシ垣の遺構や歴史の掘り起こし運動を始めた。古地図や古文書、古老の記憶を手がかりに、住民と探し歩いている。「シシ垣は郷土の現代と過去をつなぐ、生きた文化財。人間同士や自然との付き合い方、獣害防止のヒントを考え合うきっかけになると思う」

日本の研究なぜ遅れた　資料収集難しく地形もハンディ

《日欧比較》日本のイノシシ研究がなぜ、遅れているのか。「シカやクマと違って体高が低く、やぶを好んですむから、姿をとらえにくい」（仲谷さん）。地理的条件はデータ収集も妨げる。平原の森が多い欧州ではイノシシに発信機を着け、衛星やアンテナで電波を拾う追跡調査がやりやすい。日本では険しい山谷が電波の妨げとなり、受信が難しい。神崎さんは「英語圏にイノシシがいないから、海外の発表論文も入手しづらい」。英国では十六世紀に絶滅し、米国でも人間が狩猟用に放したものが一部で増えているぐらい、という。

第四章　合縁奇縁

田畑に出る害獣は、人間のすきっ腹を満たしてくれる益獣でもある。日本社会は古代からジレンマを抱え、イノシシとの間合いを測ってきた。第四章では、イノシシを利用し、歌い、敬ってもきた人間の、愛憎ない交ぜの歩みを振り返ってみたい。

（二〇〇三年三月十七日〜二十三日掲載）

歴史にみるイノシシとの共存

牙も毛も余さず工芸品に

朝青龍が連覇で、横綱昇進を決めた大相撲初場所。筋骨隆々のかいなに次々抱かれた優勝杯の一つに、飾り彫りのイノシシが透けて光った。

有名なボヘミアングラス製のチェコ国友好杯。大阪万博を機に一九七〇年から贈られ続ける友好杯の絵柄には、土俵風景に加え、イノシシを担ぐ古代神話の勇者を刻む。

イノシシを図案に写し取る西洋工芸も、牙や毛まで素材に使いこなし、芸術品に仕上げる日本工芸の粋には、あこがれるようだ。その代表格の一つが、石見根付である。

根付は、印ろうなどを帯に留めるひもの先に飾る細工物。江戸時代に流行した。象牙製が目立つ中、島根県西部の石見地方ではイノシシの牙を使った。

「江戸は遠く、舶来品の象牙は手に入れにくい。じゃあ、どうするか。身近なイノシシに自然と目が行ったんでしょう」。石見根付の伝統をくむ島根県江津市の彫刻家、田中俊晞さん

（60）は先達の苦心に思いをめぐらせる。

石見根付は江戸後期、現在の江津市で根付師清水巌（一七三三－一八一〇年）が編み出した。湾曲した長さ一〇センチほどのイノシシの牙を彫り、クモやカニ、草花、時には和歌も刻んだ。清水一門は三代で途絶え、作品の多くが英国や香港、ハワイなど、海外の収集家の手元に渡っていった。

田中さんは一九六七年から、「郷土の宝」の復活に取り組んできた。エナメル質の牙は硬い。国内の収集家に借りたわずかな作品が師匠。満足な出来ばえになるまで、十年かかった。

地元のハンターから譲り受ける牙に最近、異変が起きている。「江戸時代のものに比べて、小さいんですよ」。駆除が進み、大物が減っているのだ。「昔は山で、気兼ねなく育ったんでしょうがね。人間も今ほど、乱暴をしなかったのかもしれません」

鯨と同様、イノシシも日本社会はタンパク源としてだけでなく、丸ごと使い切る工夫を凝らした。

イノシシを彫ったチェコ国友好杯

筆の里として知られる広島県熊野町では、筆の穂先にイノシシの毛も使う。「大地の恵みは、すべて原料ですからね」。筆の里振興事業団の藤森孝弘事務局長（48）は、事もなげに答える。

百七十年余にわたり、連綿と受け継がれた筆づくりの技は、枝毛が多く、硬いイノシシの毛を穂先に変える。イノシシ筆は、かすれや力強さに独特の書き味が出るという。

四代目の筆職人で伝統工芸士の実森康宏さん（57）が、自宅の工房で筆を見せてくれた。「伝統工芸品は大量生産には向かない。イノシシ筆も、毛が手に入った時にだけ作る。自然との、ゆったりした付き合いの中から工芸品は生まれるんです」。自然と生きるとは、そういうことだと実森さんは思っている。

人と獣の歴史刻む傷

山肌にぽっかり口を開けた、広島県神石町の帝釈観音堂洞窟遺跡。洞穴奥にある約一万年前の縄文時代の地層から、イノシシだけで九十八頭分の骨が見つかった。食べた獣の骨は、シカやオオカミ、タヌキなど計三十二種類に及んでいる。

「それでも、何千年も暮らしていた遺跡にしては、獣骨の量が少ない。狩猟や採集で暮らしていた時代なのにね」。発掘に加わってきた広島大の中越利夫助手は、それだけ採集中心だった証拠と踏む。

「縄文人は、ドングリなどの木の実が主食。狩猟は二の次で、獣の肉はごちそうだったんでしょう」。イノシシと人間は当時から、好物の木の実を奪い合うライバル関係だった、とみる。

一万年も前から、獣と人の摩擦は始まっていた。大地に眠る獣骨から、考古学者たちには、太古のいろんな声が聞こえてくるらしい。

縄文遺跡からは、幼獣のウリ坊の骨は、ほとんど出土しない。「イノシシはごちそうだけれど、縄文人の節度なのか、必要以上に捕ったりしなかった」というのは、鳥取県米子市出身の佐古和枝・関西外国語大助教授（45）。「イノシシとは共存共栄、自然の恵みに生かされているという自覚があったんでしょう。祈るんです。ありがとう、またよろしく、って」

大陸から稲作が伝わり、広まった弥生時代になると、祈りも集落ぐるみの、組織的な儀礼に変わっていく。

弥生中期の岡山市の南方遺跡からは、儀礼に使ったイノシシの下あごの骨が相次いで見つかった。同じ向きに十二個、横一列に並んで出土した骨を見た興奮を、市埋蔵文化財センターの扇崎由さん（41）は覚えている。

あごの奥側には直径三センチほどの穴が開いていた。棒を穴に通し、ぶら下げた跡のようだ。「南方は地域の拠点集落で、大掛かりな祭礼にイノシシをささげた可能性が高い」と扇崎さ

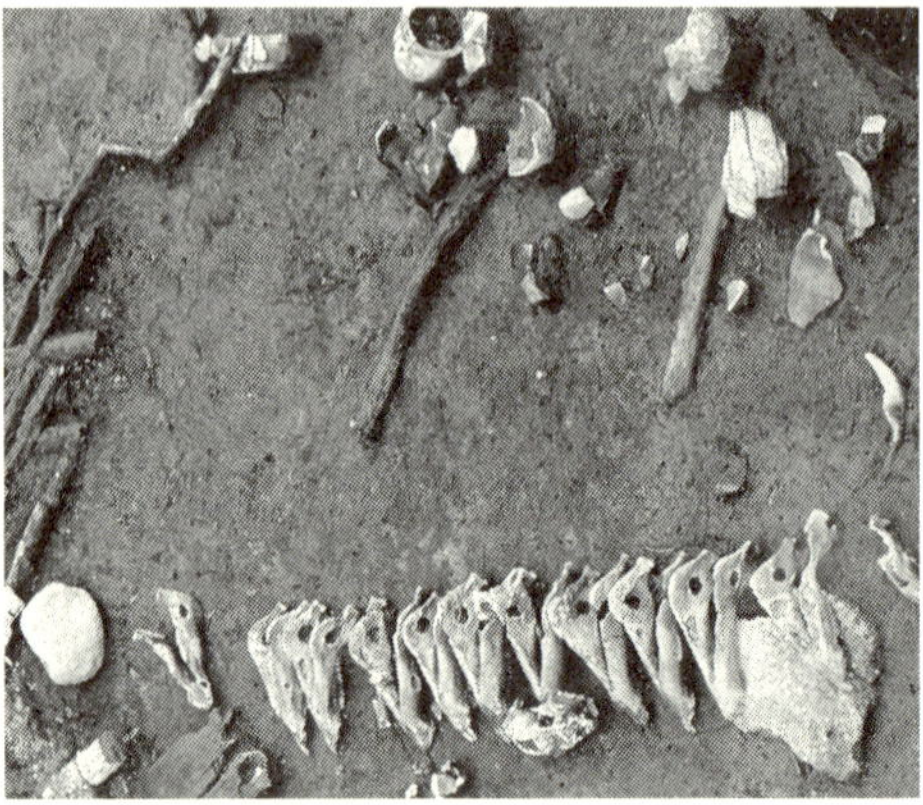

岡山市の南方遺跡から、横一列に並んで出土したイノシシのあご骨（市埋蔵文化財センター提供）

ん。農耕儀礼なのか、狩猟儀礼なのかは、謎のままだ。

「農耕が始まると、弥生人はいろんな欲が出始めたようですよ」。鳥取県埋蔵文化財センターの北浦弘人さん（41）は、発掘中の青谷上寺地遺跡を例に挙げた。

不自然にひび割れたイノシシの肩やあごの骨が百二十点余り、青谷上寺地遺跡から出土した。占いに使ったのだ。熱した棒を骨に押し当て、割れ具合で吉凶を見た。「農作物の出来不出来、戦の勝ち負け……。そりゃ、気になって仕方なかったんでしょう」

日本社会は、自然の恵みを獣や鳥と分け合う採集生活から離れ、田んぼや畑を開いて食べてゆく安定の道を選んだ。その決別が、イノシシと人間との付き合い方に、最初の亀裂を入れたのかもしれない。

嘆き節　畏敬の心ににじむ万葉歌

奈良時代に編まれた、日本最古の歌集「万葉集」にイノシシを詠んだ歌が十九首出てくる。

恋路を邪魔する、彼女の母親を嘆く歌がある。

霊合《たま》へば相寝《あいぬ》るものを小山田の鹿猪田守《ししも》るごと母し守らすも

母親の監視のきつさを「山の田でシカやイノシシを見張るよう」とたとえている。イノシシは既に、害獣の代名詞だった。

「万葉の歌の舞台は、多くが里山。昔から、人と獣がぶつかり合う場所だったんです」。島根県益田市の矢冨厳夫さん(74)は古里ゆかりの万葉歌人、柿本人麻呂の研究者。「山のもっと奥は、死者がさまよう場所と考えられていましてね。死後の世界から下りてくる獣のイノシシに、人間は恐れおののいたんですよ」

万葉集には、イノシシの特別な表記法がある。「十六」と書いて、シシと読ませる。九九のもじりである。死を連想させる四の字を重ねた「四四」と書くのを嫌ったのだ、という。

イノシシを詠んだ十九首は恋の歌あり、狩りの歌あり。「どの歌も、にっくき害獣イノシシという心ばえはない。自然界に対する畏敬の念があったんでしょう」と矢冨さん。

生態の分からないイノシシは長い間、物怪《もののけ》に通じる怪獣と信じられていた。万葉集から六百年ほど下った鎌倉時代末期の随筆「徒然草」。吉田兼好は「臥《ふ》す猪《い》の床」という和歌の決まり文句に触れ、こう書いている。

「恐ろしいイノシシにしても、枯れ草を集めて眠るイノシシの寝床と口に出してみると、優雅な感じになってしまう」

かつて恐れた山を、現代人は切り開き、ドングリのならない人工林や田畑に変えた。野生鳥獣のすみかと、背中合わせの暮らしを選んだのだ。

「イノシシには、えっといじめられた。神様は何で、こんな害獣を生ましめたもうたんじゃろうか、思うよ」。島根県瑞穂町の中野春雄さん（79）は妻と二人、山際の田畑約二〇アールを耕し続けてきた。田を荒らされ、芋は丸ごとさらわれる。「農業じゃ食っていけんと、子どもは都会に出た。家族一緒に過ごせないのがつらい」。悲しみを、二十代で覚えた短歌に塗りこめてきた。

猪《しし》防ぐ花火鳴らせし爆煙が露けき月の峡《かい》下りゆく

この十年、イノシシを詠む歌がめっきり増えた。二年前には二十三首をまとめ、「猪と棲む」として同人誌に載せた。

夢にまでイノシシが現れる日々。六年前に聴力を失い、苦悩はこもる。憎むあまり、猟師の獲物をくわで打った時もある。「生き物の命を奪うのは、むごいと思うが、農家にすりゃあ、どう見たって害獣でしかないんよ」。声が震えていた。

中国地方・地元に残るイノシシ伝

恩獣「神仏の使い」

岡山県和気町の和気神社では、イノシシを霊猪《れいちょ》と呼ぶ。参道に鎮座する魔よけの石像まで、イノシシだ。長い鼻をつんと上げた石像が、にらみを利かす。

「神の使いと考えているんです。祭神の和気清麻呂さんを助けてくださったので」。宮司の小森成彦さん（57）が厳かに言う。和気で生まれた奈良時代の公家とイノシシを結び合わせた、伝説を話してくれた。

清麻呂は皇位をめぐる政争で、都から鹿児島に追いやられた。道中、大分・宇佐八幡宮で追っ手に襲われた。その時、どこからともなくイノシシの大群が現れ、暗殺の危機から救ってくれた――。明治時代に清麻呂が十円札の肖像画に選ばれた時も、裏面にはイノシシが刷られたほど、当時は有名なコンビだった。

「人間は、矛盾した生き物だなあ」と、小森さんは最近思う。あがめ、祈っていても、農業被害が増えたら、手のひらを返して「駆除」扱いになる。

中国山地にある島根県三刀屋町の禅定寺には、本尊の聖観世音菩薩がイノシシに化けたという逸話が残っている。

ある豪雪の冬、餓死寸前の住職の前にイノシシが現れ、脚を食べさせ、命を救ってくれた。それは、菩薩の化身だった。以来、「身代わり観音」と呼ばれ、拝めば食べ物に不自由しないと信じられてきた。町内外の農家は昭和の初めまで、参拝時には種もみを携え、やってきていた。

社殿のわきにも、イノシシの魔よけが鎮座する和気神社（岡山県和気町）

「菩薩様も、同じ化けるんなら、肉のうまいイノシシがええと思うたんでしょうなあ」。二年前に住職を引いた後も過疎の山寺の守りをする、岡田慶運さん（83）がにこやかに話す。

岡田さんも害獣と憎まれ、駆除される一方のイノシシに心を痛める。「人間は、野のもんをもっと大切に育てんと、食べていけんはず。命を粗末にしたら、いつか罰が当たる」

広島県廿日市市北部（旧吉和村）の猟友会長を務める

酒類販売業栗栖国泰さん（65）は、束ねたイノシシの毛を空の金庫に入れてある。毛先が二また、三またと分かれ、運が開けると今でも珍重される。「縁起担ぎでお金が増えるように、レジや財布に入れたりしたんよ」

猟を始めて四十年。数年前まで、村内の山で見かけなかったイノシシの気配が濃くなっている。住民の多くは、異変に気付いていない。「給料取りばっかり増えて、山に入る者が減ったけえ」。若者は持ち山の境界さえ、あやしいという。

自宅前の国道一八六号を、車が行き交う。「昔の人は、貴重なイノシシ一頭をどう使いきるか、じっくり考えたんじゃろうね。毛一本をありがたがるんじゃけえ。やっぱり今は、物がありすぎるんかねえ」

薬食い　肉食禁忌の例外

殺生を戒める仏教観から、肉食がタブーだった江戸時代。実は、ひそかにイノシシなど獣の狩猟や料理は続いていた。「薬食い、というんです。体が温まる、滋養になるからと、言い訳を付けて口に入れていました」。梅花短大（大阪府）の高正晴子教授（59）＝食文化史＝が言う。

例外が、もう一つあった。高正教授が研究を重ねてきた、朝鮮通信使へのもてなし、である。

徳川幕府の将軍が代わる度、通信使の帆船が瀬戸内海を行き来した。風や潮待ちに寄る港で、地元の岩国藩や広島藩が一行を接待した。

「ほら、ここにイノシシと書いてある」。山口県岩国市の郷土史料を収集する岩国徴古館の館長、宮田伊津美さん（56）が古文書をめくる手を止めた。岩国藩が朝鮮通信使の好き嫌いを下調べした史料。タイやアユ、大根やゴボウなど計七十八種類の好物のうち、獣肉では「いの志し」が「家猪」（ブタ）に次ぎ、二番目に挙がっている。

「朝鮮料理に通じた長崎の対馬藩から、情報を事細かにもらっていたようです。鶴とかウナギとか、苦手な食べ物も書き留めてある」と宮田さん。通信使の接待は、幕府挙げての大事業。ある年には百万両（数百億円相当）もかけている。地方の藩主にとっては、官位を上げるチャンスだった。

イノシシは主に、通信使や船乗りたちの航海中の食材として、帆船に積み込んだ。塩漬けやゆでた肉を、ゴボウやセリ、いりこと煮て汁にするのが好みだったという。岩国藩では、現在の岩国市柱野周辺にいたシシ狩り集団に猪肉の調達を頼んだ節がある。

「だけど、通信使をもてなす公式儀礼のおぜんには、イノシシ料理が見当たらないんですよ」。

山口県上関町の主婦井上美登里さん（50）は、海峡を挟む小さな長島を見つめた。長島は岩国藩の接待の場だった。井上さんは町古文書解読の会の仲間と、通信使に関する史料を読んでいる。

当時の献立には、瀬戸内自慢の魚料理が並ぶ。「日本の料理人が、肉をさばくのを嫌がったんですかねえ」というのが、井上さんの推理。

「命を奪う後味の悪さにも、順番みたいなものがあったようですよ」。イノシシ研究者で、浄土真宗の寺に生まれた奈良大の高橋春成教授が、推理に助け船を出してくれた。野菜より魚介類、魚介より鳥、鳥より獣と、より人間に近いと考える順に、食材にする後ろめたさを感じていたという。

イノシシには最近、農地を荒らす害獣という見方が強まり、その生態や行動の解明に期待が集まる。「科学的に研究するあまり、彼らの命に鈍感になるまい」。寺の副住職でもある高橋教授は、自戒を込めて語る。

猪の字、名字や地名　親しみ刻む

イノシシにあやかった名字を持つ一族がある。太田川が貫く広島県加計町の程原地区。十戸の家々はどれも、「猪《いの》」の表札を掲げる。

約八百年前というから、源平合戦のころだ。源氏に、猪隼太という侍がいた。戦に敗れ、今の広島県東広島市まで逃げのびた。何代かを経て、子孫が、さらに山あいの加計町に移住。江戸時代には鉄砲の火薬をこしらえ、生計を立てたという。

猪姓は珍しく、中国地方では広島市北部と岡山県北部に親類がいるぐらい。「小さい時は恥ずかしゅうて。今は、仕事相手にすぐ覚えてもらえて、助かってます」。週末に、就職先の大阪から帰省していたデザイナー猪尚昭さん（27）が照れる。そばで母親の待子さん（50）も「そうよ。新年会、秋祭りと、親類が何かと集まれる一体感のもとなんだから。ありがたいことよ」

宍道湖に臨む島根県宍道町。地名の「宍」は、シシとも読む。宍道はシシ道、つまりイノシシの通る獣道なのだ。

ゆかりの伝説が、約千三百年前の奈良時代の地誌「出雲国風土記」にある。大黒様が犬を連れて狩りに出かけると、犬と二頭のイノシシが石に変わった、という。山際の神社に残る猪石《ししいし》が伝説の名残とされ、町文化財にも指定されている。

古い地名ほど、土地の環境や歴史を知るよすがが隠れている。「猪」の字を含んだ地名が中国五県にないか、国土地理院の地図を繰ってみた。猪之子、猪ノ鼻、猪又、猪原……。六十近く、載っていた。イノシシを隣人として、受け入れてきた器量の証しだろうか。

その一つ、広島県戸河内町の北東部、谷あいに開けた猪山地区の由来は、谷の中州にある高さ二メートルほどの土こぶだった。イノシシが伏せた姿に似ている。かつては頭部もあったが、大雨で流された。周りの山々も、獣の気配が濃い。

「強い獣じゃけえね。地区を守ってもらおう願うて、地名に付けたんかも」。地元の農家で、郷土史好きの煙草冨広さん（72）は、そう推し量る。

猪山の名前は、製鉄について触れた江戸時代の古文書に載っている。たたら製鉄が盛んだった中国山地の集落らしく、猪山にも十一カ所の遺構が残る。大量の薪を切り出し、木炭をくべ、鉄を作った。山あっての暮らしを刻んできた。

煙草さんも若い時分は、山仕事で汗をかいた。材価の低迷で見放され、荒れ放題になってゆく造林地。「森が細って、食い物がなくなりゃ、イノシシは里に出るよ。終戦直後のわしらが、そうじゃったよ。食料がのうて山へ入り、野草も食べた。今はイノシシが、逆襲しよるんじゃね」

集落を貫く川に、イノシシの絵を彫った橋がかかる猪山地区（広島県戸河内町）

忘れまい、命奪う重み　中国地方で供養の動き

生活のため、地域のためと、心を鬼にして害獣と思い込んでも、命をあやめる抵抗感が日本

社会には根強い。中国地方の各地でもイノシシ供養の動きが目立つ。

「心で経を唱えて、撃つのよの」「ウリ坊は殺せん」。取材で訪ねる先々で、有害駆除に出るハンターから苦い胸の内を聞いた。身内が出産を控えた時期は殺生したくない、と銃を遠ざける人も少なくない。

中国山地にある島根県瑞穂町の猟友会は一九九六年春、「鳥獣慈命碑」を建てた。九一年から イノシシ退治が町内で本格化し、獲物の大半を有害鳥獣が占めるようになった。「有害駆除とはいえ、命を奪う重みを忘れないように」と、石碑代は会員が出し合った。

瀬戸内海に浮かぶ広島県大崎上島では獣害が急増中。わなで駆除をする、木江町のミカン農家は二〇〇二年、供養祭を始めた。シシにちなんで四月四日。こちらは「過疎地は生きるか死ぬかの戦い。供養の後、仲間と固めの杯を交わすんよ」

神事に息づく共存の気風

山の幸への感謝、あやかり、弔い。「森の隣人」として、イノシシを受け入れていた気風は今も、郷土芸能やしきたりにかすかに薫る。狩りの作法を伝える九州山地の里の神事、中国地方で盛んな亥《い》の子祭り……。息づく余情を拾った。

〈舞に伝統の狩猟作法　宮崎県西都市「夜神楽」〉

りょう線が空をV字に切る、宮崎県西都市の銀鏡地区。創建から五百年余り、ひなびた銀鏡神社は二〇〇二年暮れ、年に一度の祝祭の夜神楽で華やいでいた。

太鼓や笛の調べが、風に乗る。社殿の前に設けた舞殿で、神社の氏子に当たる祝子《ほうり》たちが体を翻す。はやし手の頭上に渡した板に、目を閉じたイノシシの頭部が六つ並んでいる。地元のハンターたちが、獲物を育んでくれた山の神にささげた、供え物だという。

「山のもん（恵み）に感謝するのは、山に育った私らの務めです」と三十代目の宮司、浜砂武俊さん（74）。生きる喜びと、犠牲への鎮魂と。一見きらびやかな国の重要無形民俗文化財の夜神楽はあくまで、大祭行事（十二月十二〜十六日）の一つにすぎない。

カメラのフラッシュが瞬く境内は、県内外からの観客約二百人で埋まっていた。広島市安佐南区から訪れた無職下畠信二さん（66）は「イノシシの頭は、ちょっと気味悪い。だけど、しきたりにのっとった儀式は、山の神と向かい合ってる気分になれる」と声を潜めた。

いてつくような冬の夜気の中、神楽は続く。三十三もの演目を舞い終えたのは翌日の昼すぎ、開演から、実に十八時間がたっていた。

銀鏡地区には約千人が暮らす。平地が少なく、水田には向かない。縄文時代から、焼き畑農業が盛んだった。森を切り開いては、火を入れ、焼け跡にソバやヒエを作る繰り返し。「いい米がでけたら、学校のグラウンドまで担いできて、驚き合うたとです」と祝子の一人、浜砂重文さん（67）は懐かしむ。

　イノシシを追い出す効果もあった焼き畑が、山火事の不安から二十年ほど前に衰退。段々畑は一層、害獣の標的になった。実るそばから、食い荒らされる。駆除が必要になった。タンパ

イノシシの頭を供えた祭壇の前で続く、伝統の神楽。舞は一昼夜、18時間に及んだ（2002年12月、宮崎県西都市）

いにしえの猟風景を伝えるシシトギリの舞。老夫婦にふんした祝子が弓を引くと、客席が歓声でわいた

ク源にもなるイノシシを狩りで減らし、収穫の無事を待つ――。豊作の祈りは、深みを増している。

終盤近くの出し物、シシトギリの舞には狩りの作法が織り込まれている。弓矢を手に老夫婦がイノシシの足跡をたどり、猟師たちと合図で包囲網を狭めてゆく、古式ゆかしいイノシシ猟の一部始終をまねる。

「今は弓の代わりに銃を使うが、狩りの手順は一緒。農作物に被害さえ出なけりゃいい、という考え方も変わらない」と西都猟友会の銀鏡支部長、浜砂清忠さん（65）。有害駆除に出ても、期間の半分は空砲で追い払うだけ。「イノシシが姿を消したら、神楽も舞えんとです。元も子もない」

大祭の最終日。神社近くの川岸に、大祭を取り仕切る宮人《みょうじ》役の浜砂修照さん（65）たちが集まった。氷雨も構わず、供えたイノシシの頭をたき火にくべる。「暮らしぶりは変わっても、伝統の心を廃らせたら、いけんとです」と修照さん。

イノシシとともに、生きる――。戒めにも似た決意に、銀鏡の人々の心根を垣間見た気がする。

〈豊作と商売繁盛祈る　広島県坂町「亥の子祭り」〉

「いーのこ　いのこ　いーのこもちついて　いわわんものは……」

甲高い、はやし声が軒先に響く。眼下に遠く、広島湾を臨む広島県坂町の中村迫地区。毎年十一月、約百五十年前から引き継ぐ亥の子祭りが繰り広げられる。

亥の子祭りは、多産のイノシシにあやかり、豊作や商売繁盛を祈る祝いの行事。中国五県一円をはじめ、近畿や四国、九州の一部に伝わる。

亥の子石に結わえた縄を上下に振り、地面をつく。祝いのはやし声が軒先に響いた（広島県坂町）

民家の玄関先。荒縄をくくり付けた重さ約一〇キロの石を、二十人ほどの子どもが振り上げ、地面をつく。ついた穴に、清めの紙片をまく。家々から心付けを集めながら、地域じゅうを回る。

「田畑を荒らすイノシシは、昔から好かれんかったろうに。何で、祭神になれたんかね」。亥の子神楽保存会の正原利朗会長（52）が見やる山の手には、イノシシよけのトタン板が目立つ。

一行を迎えた会社員尾茂康国さん（54）の家は、敷地をぐるり、柵で囲ってある。「憎い敵にまつわる亥の子石を招き入れ、喜ぶのも複雑な気分」と苦笑い。

祭りの後、公民館で保存会メンバーが祝い酒を回す。「地域をつなぐ亥の子石はええが、イノシシはご免じゃの」。若手の声に、何人かの年配者が応じた。「シシも子を産んで、生きんにゃいけん」「相手の立場も見ちゃらんにゃあ」。ひと呼吸置いて、話の輪にまた、笑いが戻った。

「多才で繊細　知力も自慢」

「猪突猛進」だ、やれ「猪武者」だとか、言いたい放題だね、人間さんは。ボクたちイノシシを、向こう見ずの無鉄砲と思い込んだら、大間違いだよ。数も数えりゃ、芸も覚える。ヘアピンカーブだってお手の物さ。以前、近畿中国四国農業研究センターの鳥獣害研究室に江口祐輔さんっていうイノシシ博士がいたんだよ。話の分かる人でね。きょうは汚名返上に、江口さんに見せた秘密をちょっとだけ教えてあげるよ。

●「突進」は誤解

人間界の辞書じゃ、ボクたちは猪突猛進、「前後左右を見ず、がむしゃらに突き進む」しか能がない動物なんだって？　誤解も誤解、ひどいよ。

跳ぶ、隠れる、左右にターン、後ずさりだってできる。やぶの中でも突き進みやすい流線形は「森の獣として、優れた体形」って、江口さんは褒めてくれるんだぞ。

●赤は見えない

青系統の色は見分けられるんだけど、赤色の見分けがどうも苦手でね。灰色と見間違えてしまうんだ。「イノシシは赤を嫌がる」って思い込んで、田畑の周りに赤い網や布を張る人もいるそうだけど、残念でした。

●甘い物大好き

甘いもの？　大好きさ。はちみつとか、黒砂糖とか、思い出すだけでよだれが出ちゃうよ。ボクたちが病気で具合が悪くなった時にだけ、江口さんがコーラ飲料の炭酸を抜いて、砂糖を足したのをくれるんだ。どうも、苦いお薬を混ぜて、飲ませる工夫らしいんだけどね。スポーツドリンクも好きだよ。

●炭が薬代わり

親とはぐれた幼い「ウリ坊」を飼おうとして、牛乳を飲ませる人がいるけど、下痢しやすいんだ。研究熱心な猟師は気付いているけど、ボクたちは炭を食うんだ。下痢止めの薬代わりさ。山火事の跡に埋まっているし、炭焼き小屋の近くにも落ちているからね。

●数が分かる？

視力とか色の識別とか、いろんな実験に付き合ったよ。ご褒美は、小麦粉と卵、砂糖で焼き固めた、丸いボーロ菓子。牛乳入りのがおいしいんだ。

緑色を選ぶ実験では、正解ボタンを鼻で押すと、ボーロが五粒出てくる。ある日、機械の故障で四粒しか出てこなくて、「おかしいな。少ないぞ」「こぼれ落ちたかな」とウロウロ、待っていたんだ。その様子を見た江口さんが「四と五の区別ができるのかも」って驚いて。幾つまで数えられるかは、まだ謎にしてあるんだ。

●家の外は怖い

すみかの境界から、一歩でも踏み出すのが怖いんだ。人間界で言うだろ、「清水の舞台から飛び降りる」って。そんな気分さ。食うか食われるか、警戒心が弱けりゃ、野生の世界じゃ生きていけないんだ。

江口さんは、飼育舎から実験室に入るまで一〇メートル足らずの移動に二〜三週間かかるのをじっと待ってくれたよ。

とりわけ、天敵の人目につくのは嫌なんだ。ごちそうが並ぶ田畑をめがけ、人里に下りる時も、森ややぶが途切れる境で必ず脚が止まる。人の気配が気になる。山際から人家までの距離が遠くて、裏山も手入れされて見通しがいい所なんか、苦手だねえ。そんな弱点に気付く人が少なくて、助かっているけど。

●曲芸のスター

静岡県の伊豆半島に、「伊豆天城いのしし村」という観光名所があって、六万平方メートルぐらいの園内に、仲間が百頭ほど、飼育されてたんだ。石川さゆりとかいう歌手のヒット曲「天城越え」で有名になった峠の近くだよ。二〇〇二年十二月から休園中なんだけど、ここの仲間は、曲芸ショーのスターだったんだ。

平均台を器用に渡るし、滑り台で遊んで、輪くぐりもできた。見にくる人間たちは皆、「ほおー」「へえ、イノシシって賢いんだね」って感心するし、拍手をくれていたんだ。

もう一つ、人気だったのが「世界でここだけ」って触れ込みのレース。坂道や急カーブ、水たまりが続く道を走らせて、人間が観戦してた。入場券に書いた予想の着順が当たれば、イノシシの縫いぐるみをもらえた。人間は、妙な遊びが好きだねえ。馬も走らせるんだって？　ボクたちの能力を見直してくれるのは、うれしいんだけどね。

最近は、獣害に困っている地域の農家や議員とかいう人間たちも、勉強に来てたらしいよ。

●輪くぐりもOK　個性に合わせて調教

静岡県の「伊豆天城いのしし村」調教師リーダーだった石原政典さん（41）は一九七〇年の開業以来、スタッフが手探りで玉乗りなどの曲芸をぼくらに教えたんだ。「賢い動物ですよ。生後三カ月までに調教を始めるのがこつ」だって。気性が一頭ずつ違い、同じ芸でも調教パターンを変えていたんだよ。

芸の中でも難しい、輪くぐりの調教パターンを教えてもらった。

①地面を歩かせながら輪をくぐらせ、餌をやる
②跳ばせたい先（着地点）を決めて餌を置き、地面に立てた輪をくぐらせる
③くぐる輪を地面から少し浮かせ、②の反復練習
④輪の位置を徐々に高くしていって、完成

イノシシの懸賞レース。カーブあり、坂ありのコースを巧みに走る

曲芸ショーで難しい芸の一つ、輪くぐりを見せるイノシシ

●跳躍記録は……

江口さんが研究センター近くの山にすむ野生の仲間を半分飼いならした実験で、一頭が助走なしで一・一メートルの柵を跳び越えたんだ。この数字が独り歩きして、「うちの畑の囲いは四〇センチしかない。もう駄目だ」なんて農家が失望した、とか聞くけど、心配ないよ。ジャンプ力は皆違うし、柵の向こうが谷底かもしれないと思えば、人間だって跳び越そうとしないだろ。

足場が斜面だったり、ぬかるんだりしていても、跳躍力はぐっと落ちる。四〇センチほどのトタン板でも役に立つのさ。イノシシの目線で農地を見直せば、分かるよ。賢い人は、脚に絡むものを嫌がる習性を考えて、柵の手前に網みたいなものを張るよ。

おっと、どうやら、秘密をばらし過ぎちゃったみたい。仲間からブーイングが聞こえてきたよ。じゃあ、この辺で。

※　この項におけるイノシシの生態については江口祐輔さんに監修していただいた。著書『イノシシから田畑を守る』（農文協）では、詳しい生態や被害防除のポイントを解説している。

第五章　食らう

和牛並みの値段が付くほどおいしくて、害獣駆除で獲物も増えているのに、なぜ猪肉《ししにく》の味は、おなじみじゃないのだろう？　野山に育ち、その土地の作物で太るイノシシは「地域資源」でもある。第五章では食を切り口に、各地で始まった活用策をみる。

（二〇〇三年四月二十三日〜五月一日掲載）

げなげな話

夏肉も逸品に

「イノシシの肉は獣臭いし、硬いんじゃげな（硬いらしいよ）」

「ほうよ。夏場は、魚でいうと猫またぎじゃげなね」

広島や島根、山口の辺りでは、風評やうわさを「げなげな話」という。食べ物の品定めは面白半分も手伝って、独り歩きしやすい。猪肉にもまとわりつくげなげな話に、しまねの味開発指導センター（島根県浜田市）は科学のメスを入れた。

「腕利きがさばいた肉なら、臭くも硬くもない。おいしいのを一度味わうと、がらっと印象が変わる」。今年三月までセンターの研究員で、猪肉担当だった島根県職員の久家美奈さん（30）は言い切る。

「においの元は、血液」という。獲物からすぐ血液や内臓を抜き、冷やさないと臭くなる。気温の高い夏は余計に傷みやすい。一分一秒の差が味を変えてしまう。熱心な猟師は、わなを仕掛ける時点から、獲物を運び下ろしやすい山すそや林道わきを選ぶ。

久家さんが、そんな猟師から猪肉を譲ってもらい、栄養などを分析し始めたのは三年前の夏。生活習慣病の予防に効果があるタウリン、疲労を和らげるアンセリンの含有量は、牛やブタをはるかにしのいだ。うま味成分も、比べものにならないほど多い。「低脂質、高タンパクの猪肉は、健康食ブームにもぴったり合う」と分かった。

駆除で捕った夏場のイノシシの試食会。予想外のうまさに、ハンターも驚いた（島根県邑智町）

研究の成果を携え、久家さんは勇んで県内を回った。「猪肉は、中山間地域の活性化にうってつけの食材」と勧めた。返ってきたのは、度し難い先入観だった。「そうは言うが、夏に捕った猪肉は食えたもんでないけんなぁ」。講演を聴き終わっても住民たちは腕組みを解かず、眉根を寄せた。

科学のメスさえ、はね返そうとする心の壁。ここを突き崩さなければ、夏肉、つまり、冬場の猟期を避けて実施される有害駆除のイノシシの資源活用は進まない。

島根県内ではイノシシの駆除頭数の伸びが目覚ましい。一九六〇年代はわずかに二ケタ台だったのが、二〇〇一年度は五千三百五十七頭に上った。十年前と比べても六倍、狩猟で捕れる頭数に並ぶまでに増えた。駆除の獲物を捨てず、食材に回せれば……。それが研究の狙いだった。

「百聞は一食に如かず」と、センターは試食の場を設けた。猪肉の空揚げ、角煮、ハンバーグ、みそカツ、チャーシューなど約二十種類の料理を振る舞う。

夏肉の活用をめざす同県邑智町が開いた昨年夏の試食会。半信半疑で、空揚げやハムをつまむ地元ハンターのはしが止まらない。「たまげたのぉや。冬の猪肉でも、こんなに味は出せんで」「今までは、猟犬にやるのが関の山だった。もったいないことをしたよの」

わきでほくそ笑む久家さんは、もう一つの「壁」を見越している。家畜ではないイノシシには、食肉流通ルートが無いも同然なのだ。

法の網　商品化に「待った」

とろっとした豆乳で仕上げる風変わりな猪鍋がこの春、オープン二年目となる広島県作木村「江の川カヌー公園さくぎ」の売り物になるはずだった。

中国地方で最大流域を誇る江の川の上流。風土を生かした公園らしく、食材も地の物にこだわろう、という心意気だった。食堂を預かる自治区の一人、主婦滝岡万里子さん（48）が「私自身は、猪肉は食わず嫌い。でも地元貢献になるなら」と、知り合いの板前から鍋を教わった。

ハンターが我流でさばいた、おすそ分けの猪肉は臭みが残る。豆乳は、におい消しの秘策だった。試作を重ね、「これなら出せる」と風味も落ち着いたころ、思わぬ難問が待ち受けていた。食肉の処理や販売の営業許可を持たないハンターから手に入れた猪肉は店に出せない——というのだ。

イノシシは家畜ではない。だから、一九五三年にできた「と畜場法」で食肉解体場には持ち込めない。解体し、市販するには、食品衛生法に定める食肉処理や食肉販売の許可を受けなければならない。

例外はある。猟や駆除の獲物を親類や近所に配る、おすそ分けは問題ない。たとえ肉から細菌や寄生虫がうつっても、それは「自己責任」という考え方である。

「日本に来たヨーロッパの研究者たちは皆、目を丸くするんですよ。日本では検査もせずにイノシシやシカを食うのか、って」。猪肉の国内流通を調べた東京農工大の神崎伸夫助教授からすると、野生鳥獣の肉は、公的な衛生管理体制からこぼれ落ちているように見える。

イノシシは、ブタの先祖に当たる。ブタが患う病気には、イノシシも同じようにかかる。

家畜の変死などを調べる岡山家畜保健衛生所（岡山県御津町）には近年、牛やブタ以外の鳥獣が持ち込まれるケースが増えている。ダチョウ、アイガモ、そしてイノシシ……。「世はグルメ時代。変わった肉を求める消費者に合わせ、衛生管理などの知識が不足したまま、特産品づ

江の川カヌー公園さくぎが試作した豆乳仕立ての猪鍋（広島県作木村）

くりが進んでいる風潮の裏返し」と衛生所も、行政支援の必要を感じている。

豆乳仕立ての猪鍋をこしらえた滝岡さんは結局、島根県の許可業者から猪肉を調達することにした。脂が乗り、さすがに臭くない。ただ、値段が高い。試作の時にハンターから譲ってもらった猪肉の二倍以上もする。

試しに売ってみたが、やはり採算が合わない。「一人前を千円以下に抑えると、猪肉は三切れぐらいしか出せない」。幸い、まろやかなスープの評判は上々だ。いくらで献立に載せるか。川面にまた秋風が渡り始めるまで、滝岡さんの思案は続く。

未整備の野生鳥獣の食肉流通ルート。これを切り開く試みが、北海道で始まっている。「エゾシカを食卓へ」の運動である。

北海道・エゾシカ協会に学ぶ　ハンター育成や流通ルート開拓

獣害を逆手に取り、増え過ぎたエゾシカを地域資源に生かそう——。北海道で一九九九年にエゾシカ協会が発足して九四年。地域に良質のシカ肉を供給するハンター育成に力を入れるのと同時に、「資源」を守る観点から生息数をつかむ保護管理を重視する。中国地方が悩むイノシシ対策のヒントを求め、協会を訪ねた。

「厄介者のエゾシカも、年間三万頭を食肉として流通できれば、百五十億円の経済効果が出る、と踏んでいるんですよ」。エゾシカ協会会長の大泰司紀之北海道大教授（62）は大胆に試算する。精肉をレストランに卸し、ハンバーグや缶詰にも加工する……。決して不可能な数字ではない、と言う。

北海道では、狩猟と駆除で年間七万〜八万頭のエゾシカを仕留めている。そうした獲物を捨てずに、衛生管理の行き届いた解体処理施設で食肉にして売ろう——。協会が描いてみせた「エゾシカを食卓へ」の構想は、害獣との摩擦に悩む農家や地域に希望を与えた。

しかし、被害に直面していない都市部からは反発の声も届く。「野生動物の命を奪うとは、何事か」と。日本では、狩猟はごく一部の人たちの楽しみとみられている。欧州のように、社交やスポーツと考える風潮は弱く、世間の風当たりは厳しい。一九七〇年代に全国で五十万人いたハンター人口は、既に二十万人を割っている。

都市住民の反発を、大泰司教授は「獣害をデータで示し、野生動物と共存できていない実態を、広く知ってもらうのが大切」と受け止める。増え過ぎた獣を放っておくのではなく、捕獲で頭数を調整するのは自然保護策の一つ、と説く。

二〇〇〇年に社団法人化した協会は、農協や道猟友会、町村、ホテル、レストランなど二十六の団体会員と野生動物の研究者やハンター、会社員など六十人の個人会員で構成。「保護管理」「被害対策」「有効活用」の三つの部会に分かれ、ハンターの養成や消費者に対するシカ肉料理のPRなどに取り組んでいる。

協会の活動はボランティアに近い。資金は団体一万円、個人三千円の年会費頼み。道庁から支給される調査費は年二百万～三百万円どまりだ。

だが、道庁も協会の構想と歩調を合わせつつある。札幌市の中心部にある道庁十二階の自然環境課。一九九七年四月に誕生した「エゾシカ対策係」の看板が掛かる。「エゾシカを単に害獣ととらえず、地域にもたらす利点を見いださないと、共生の道はありません」。宮津直倫係長（44）の論旨も明快だった。

エゾシカは明治時代の乱獲で絶滅寸前に追い込まれた。以降は、数が減ると狩猟を禁じ、増えれば今度は解禁と、無原則に繰り返してきた。その反省を踏まえ、道庁は初めて、九三年から一年がかりで道内のエゾシカ生息数を調べ、約十二万頭と推計した。

中国地方では、田畑を襲うイノシシの場合は、駆除や狩猟での捕獲数が分かるだけ。生息数はやぶの中だ。

　北海道庁は、エゾシカの越冬地の阿寒国立公園で、木の葉が落ち、雪の白地で見通しやすい三月にヘリコプターを飛ばし、空から目視で頭数を調べた。夜は車で森や農地を走り、ライトを照らして数えた。各地の捕獲頭数や農林業被害などを加味し、全体の頭数をはじいた。

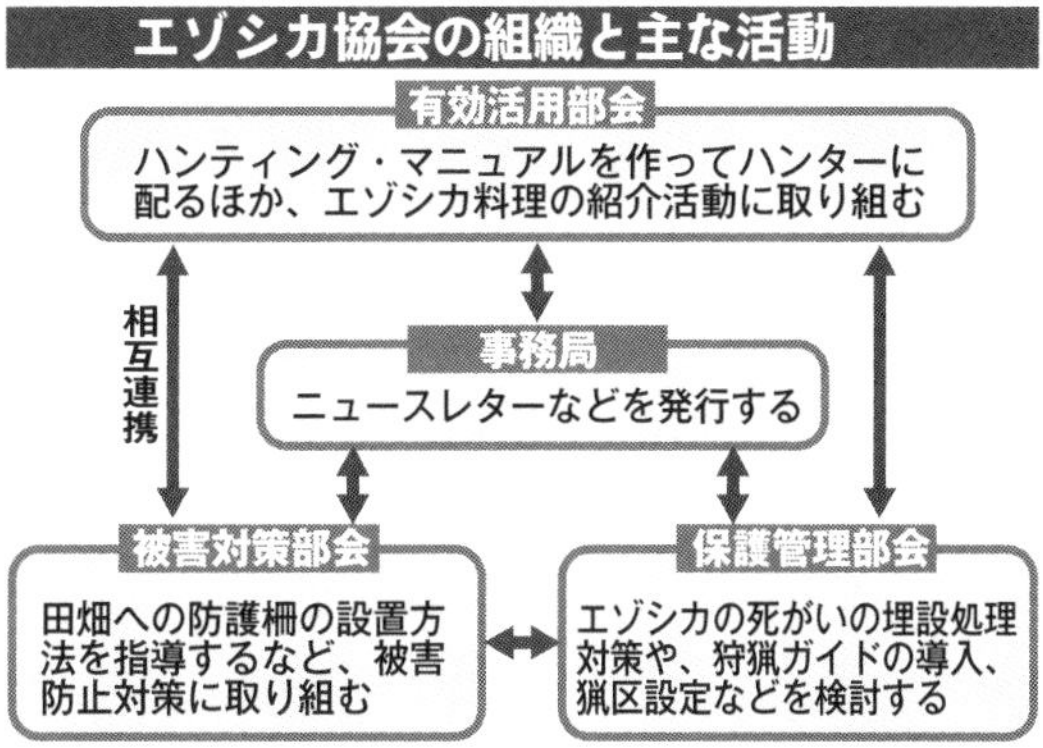
エゾシカ協会の組織と主な活動
有効活用部会
ハンティング・マニュアルを作ってハンターに配るほか、エゾシカ料理の紹介活動に取り組む
相互連携
事務局
ニュースレターなどを発行する
被害対策部会
田畑への防護柵の設置方法を指導するなど、被害防止対策に取り組む
保護管理部会
エゾシカの死がいの埋設処理対策や、狩猟ガイドの導入、猟区設定などを検討する
※構成　農協、道猟友会、町村、ホテル、レストランなど26団体
野生動物の研究者、ハンター、会社員など個人60人

　調査結果を基に道庁は九八年三月、被害が多い網走、釧路地方を対象とする「道東地域エゾシカ保護管理計画」を策定。管理地域の生息数が六万頭を超えれば「大発生」、六千頭を下回れば「絶滅の恐れがある」という目安を設定した。

「農林業被害が出ない」三万頭まで減らすことを目標に進めている駆除と並行し、調査も継続している。

「何度でも調査を繰り返し、エゾシカの実態に迫る必要がある」と宮津さん。道内全域の生息数は依然増え続けており、約二十万頭に見直している。

　駆除や猟で出るエゾシカの食肉流通ルートが整わな

ければ、資源活用の理念は実を結ばない。協会が把握している解体処理施設は、道内に四、五カ所しかない。一カ所で年間に数百頭しか処理できず、年間約三万頭を流通に回そうという協会の目標には、足りない。

「(エゾシカ肉の)衛生的な処理や流通のための環境整備を進める」

道庁は二〇〇二年三月、改定した保護管理計画で初めて、行政として「エゾシカの食肉利用」を書き込んだ。手探りで道を切り開いてきたエゾシカ協会にとって、力強いエールだった。「食」を切り口に、イノシシと同じ害獣のエゾシカを資源ととらえ、地域経済の活力源とする取り組みは、道庁も加わって、さらに太い潮流になろうとしている。

エゾシカを食卓へ❶「害獣も資源」――協会発足

阿寒湖の周りに広がる北海道東部の阿寒国立公園。今年三月末、雪が覆う山すそで四十頭ほどのエゾシカと出くわした。本土のシカより、ひと回り大きい。車で近寄っても、逃げようとしない。

園内には禁猟区が点在する。エゾシカにとっては安心な越冬地だ。遠目には美しいニレやナラも、樹皮は食い荒らされ、丸裸の幹が痛々しい。

このエゾシカによる農林業被害が、北海道では一九八〇年代後半から爆発的に増えた。小豆、小麦、牧草……。被害額は九六年度にピークに達し、五十億円を超えた。豪雪が減り、エゾシカが飢え死にしなくなったともみられている。

「捕るしかない」。道庁が大号令をかけたのは九八年度。狩猟と駆除を合わせ、過去最高の八万四千頭を仕留めた。だが、繁殖の勢いに歯止めはかからなかった。

3月、道路わきに現れたエゾシカの群れ。禁猟区のある公園を越冬地にしている（北海道の阿寒国立公園）

同じころ、『エゾシカを食卓へ』（大泰司紀之、本間浩昭編著・丸善プラネット）と題した本が書店に並んだ。「害獣も地域の資源。食べて、人と獣の共生を図る」。編著者である大泰司紀之教授の発想は、駆除一本やりだったエゾシカ対策の中で注目を集めた。

毎年の獣害、仕留めた後の獲物の置き捨て、駆除費用の増加……。こうした悩みを抱える農協や猟友会、町村などが連携して、九九年二月、大泰司教授を会長に設立されたのがエゾシカ協会だ。

シカ肉を流通に乗せることで、地域資源としてエゾシカと向き合う活動が始まった。

「エゾシカの肉は、高タンパクで低脂肪。医者から肉食制限された人も、安心して味わえる。問題は、どう広めるか」。PR対策に腐心する事務局長の井田宏之さん（48）＝札幌市＝は、エゾシカよけ防護柵の製造会社に勤めている被害対策のプロだ。協会には、井田さんのようなボランティア六十人が加わる。

海外視察も重ねた。「狩猟の時点から、肉の流通は始まる」とするスコットランドのアカシカ協会に倣い、ハンティング・マニュアルも作成した。

銃を使うエゾシカ猟では、急所の胸部や頭を外すと、においの元になる血液やガスが肉に回って商品にならない。血液やはらわたの抜き方もイラスト入りで載せた。

森で樹上に足場を組み、餌でおびき出したエゾシカを撃つ欧州流のハイタワー（ハイシート）猟も実験してみた。「初心者や高齢者でも獲物を狙い撃てるから、安全」。ハンターの評価は上々だった。

道内には年間三千人のハンターが全国から訪れる。この秋には、有料の猟区を試験的に設け、地域経済への波及効果を調べる計画だ。

ただ、活動の財源は会費頼み。何をするにも、資金繰りが難しい。「今は実験や提言で精いっぱい。先立つものがね……」。かぎは行政の支援だと、北海道大の研究室で大泰司教授がこぼした。

エゾシカを食卓へ❷　黒字転換へ運営試練

北海道東部の足寄町は全国の市町村で最も広い。一戸の農地は球場がいくつも入るほど広く、道路や川まで通る。

「畑を守るのに、山際しか網を張れなくてさ。それだけでも大仕事だ」。エゾシカが越冬する阿寒国立公園わきの上足寄地区。農家の畠正市さん（53）が、てん菜や小豆を植える三五ヘクタールの畑を見渡した。

国と道の補助を受けて一九九六年、二十五軒の集落ぐるみで高さ二メートルの防護ネットを張った。実に総延長七〇キロに及んだ。それでもエゾシカは網を突き破り、畑に侵入してくる。「今もエゾシカは憎い」と畠さん。「けどさ、地域を潤す肉資源と考えれば、見方が少し変わった」とも言う。きっかけは、被害農家が町職員や猟友会員と十年前に結成したエゾシカ有効活用研究会だ。シカ肉を売り、もうけを被害対策費に回すシステムづくりに、有志たちが立ち上がった。

町内の農林業被害は年一億円を下らない。害獣駆除するエゾシカは、年間二千頭にも上る。駆除した後は、ごみ同然の扱いだった。それを資源として活用しようという構想に、町も乗った。

町は九六年春、エゾシカの解体処理施設をつくった。ブロック肉やジャーキーのほか、みそ煮の缶詰は町内の食品工場に委託して製造する。

解体処理施設は、猟場や道の駅が近い足寄湖わきにある。「弾の当たり具合で、獲物のランクが決まるんです」と、作業を担う町職員OB石井俊貞さん（64）。高価なロース肉の部分が無傷ならAランク。被弾の穴が多いと、ランクは下がる。施設は毎年七月から、猟の最盛期前の十月まで稼働する。シカ肉は、若草をはむ六月以降に味が良くなるという。

ハンターが血抜きまで済ませた獲物を、一頭一万円で買い取る。石井さんがブロック肉にして、金属探知機で弾の破片を取り除く。真空包装をして、七五度の湯で殺菌。一キロ当たりでロース肉が四千円、モモ肉三千円、バラ肉千円で売る。

害獣の資源化を図る動きは、九九年に立ち上がるエゾシカ協会を先取りしていた。だが、町農林課の石山武美さん（53）の表情はさえない。「解体の体制は整ったけど、町の直営では苦しくってさ」。施設に持ち込まれる数が採算ラインの三百頭を上回らず、年間二百万～三百万円前後の赤字。料理店との相対取引も、町職員は苦手という。

「施設の民間委託とか、運営の在り方を見直す時期かも」と石山さん。足寄町の挑戦は、害獣の資源化の風見役を引き受けた格好だ。

「先を行く足寄町の実践で見つかった課題を一緒に考えながら、シカ肉流通の拠点を増やしたい」。エゾシカ協会の大泰司紀之会長には、今が生みの苦しみの時期と映っている。

猪肉を商品に　資源化への取り組み

特産狙い、珍味ラーメン

害獣の資源化を思いついた町が、中国山地にもある。日本初の電子投票で二〇〇二年六月、全国に名前をはせた岡山県新見市。人口二万四千人、高梁川源流の町で今度は、一風変わった料理づくりが評判を呼んでいる。

「新見いのししラーメン」。狩猟解禁の昨年十一月十五日、駅前のホテルや市役所近くの喫茶店など市内の六店舗が一斉にメニューに加えた。目印の黄色いのぼりが春風にそよぐ。

火付け役は新見商工会議所青年部。会員やOBの店が協力した。「事前の試食会には新聞、テレビ合わせて十一社も集まって、町は電子投票以来の大騒ぎ。イノシシさまさまです」。前会長の配管業橋本正純さん(50)は狙い通りの手応えがうれしそうだ。

しょうゆ、みそ、豚骨と、スープの味が六店とも違う。イノシシの骨でだしを取る所もある。共通点は、猪肉を使った具の盛り付け。味比べに、店を巡り歩く観光客も現れ始めた。

店売りの新見いのししラーメンを味見する
村上さん（左）と橋本さん（新見市）

競作となった試食会では、しょうゆ味の一品が最高得票だった。澄んだスープに浮かぶチャーシューは猪肉を豚バラ肉で巻き、歯触りや風味の違う二種類の肉が口の中で溶け合う。白髪状に刻んだ地元産ネギを添え、これで一杯六百円。

父親とラーメン店を切り盛りする高岸靖さん（23）の自信作だ。「週末は、県南の岡山や倉敷辺りからのお客が増える。うわさを聞き、東京から食べにきた人もいた」と、めん好きたちの食い気に驚く。最高で一日に八十杯近く売れた。

「肉が香ばしいなぁ。スープもあっさり味なのにコクがある」。ラーメンが大好物で、隣町の神郷町から来た建材店手伝い上原晴冨さん（65）は鉢を傾け、すする。

市内ではイノシシが人里近くにも出没し、田畑の被害が拡大。年間百頭前後だった駆除が、二〇〇一年度に二百二十一頭、〇二年度には四百七十八頭と急増している。

獣害に悩まされる環境を逆手に取ってイノシシを地域おこしの味方につければ、世間はきっと面白がる……。青年部の仲間を口説いたのは、旅行代理業の村上伸祐さん（45）。元新聞記者としての勘だった。

おまけにラーメンなら、カレーに並ぶ大衆料理。「ほら、テレビが視聴率稼ぎに、ラーメンの人気番付を流すでしょ」。もくろみ通り、報道陣は飛びついてきた。狙いは、その先だ。「私たちの動きを取り上げたテレビ画面や新聞の向こうに、お客さんたちが興味津々で待っている。今、チャンスなんです」

意外な援軍も現れた。中国経済産業局が起業の補助金を交付してくれたのだ。青年部は家庭で食べられる土産セットの商品化を企て、この夏にも販売開始をめざす。販売元の法人設立に向け、本業そっちのけで、村上さんたちは活気づいている。

地域発　天然の味、全国に宅配

春は霧の海に包まれる中国山地の島根県石見町。町境の日貫郵便局は一九八六年からいち早く、地元で捕れるイノシシをぼたん鍋セットやブロック肉で届ける宅配で名を知られてきた。

「一村一品運動がはやりでねえ。郵便局も一局ずつ産品を掘り起こし、郵便小包の受注を増やそうと競争だった」。当時の局長、静間英明さん（67）が振り返る。高速道路が延び、取扱量を増やす宅配便業界に対する、郵便局側からの巻き返し戦略だった。全国約二万八千局で当時、猪肉を扱ったのは日貫郵便局だけだったという。

当初はろくに保冷庫もなく、クマザサに生肉をくるんで送った。「野山を駆け回ってる天然ものじゃから、味は折り紙付き。客は皆、大満足だった」と静間さん。

真空包装機や低温貯蔵庫を自前で備え、受注に素早く応じ始めると、固定客が年々増えた。バブル景気も追い風だった。東京の鉄鋼会社は五キロ、一〇キロと注文をよこした。「鍋に入れる野菜もほしい」との客の声で、地元農家にゴボウ栽培を頼むなど、経済効果も広がった。注文は、今季も千二百件を超えた。

地域おこしで猪肉に目を付けながら、どこもつまずくのが、食肉の処理や販売に必要な保健所の営業許可である。日貫郵便局が大手を振って商えるのも、両方の資格を持つ地元猟師がいたからだ。

安本房信さん（66）。「野生のものを食うイノシシの肉は、ＢＳＥ（牛海綿状脳症）もまず関係ない。おかげで、不景気の風にも負けませんなあ」。柔和な顔がほころぶ。

安本さんが食肉関連の資格を取ったのは三十五年前。地元の祭りで丸ごと買うブタの余りを売りさばくためだった。過疎が進み、余りの方が多く出るようになったからだ。当時は、今ほど厳格な衛生設備を求められず、地元県議の助力で取れた。「講習だ何だと、あとの勉強がよっぽど大変じゃったが」と頭をかく。

同じ邑智郡内の羽須美村でも、食肉処理・販売の資格を取った猟師たちが天然の猪肉を発送している。住民出資の協同組合「はすみ特産センター」である。

「父の時代から、本場の兵庫県に猪肉を送り、丹波ブランドで売られていたんです」。組合長の石材業浅原資さん（40）の代に、「羽須美ブランドで売ろう」と発想を転換。宅配便の普及も支えだった。

村内を貫く江の川の水で育てたアユも売る。「イノシシもアユも、自然そのもの。危なっかしい飼料とも農薬とも無縁。きれいな環境を丸ごと食べてもらう」

今から二百六十年ほど前、江戸時代の産物帳には山野草や魚介類、鳥獣から虫までが載る。山野河海の恵みを、お国自慢、つまり「特産物」と心得ていたのだ。天然猪肉の宅配は、その心ばえを受け継いでいる。

「厄介者」から名産に

同じ瀬戸内の島々からイノシシ対策の視察が続く広島県倉橋町にまた、見どころが増えた。今年四月に完成した食肉処理場。駆除わなに掛かった島内のイノシシから肉質のいい獲物を選び、五月からは精肉や料理にして売り出す。一年目は六十頭の「資源」化を見込む。

「これまでは死に金だったんよ、害獣駆除費は。何も形として残らない。獲物のイノシシはごみ同然で、捨て場所に困るだけじゃったし」。町産業経済課の出来悦次課長（56）が言う。駆除の経費、畑を囲う柵の購入助成など、町が一九九〇年度から計上したイノシシ対策予算は、年を追って膨らんでいた。十四年間で総額は九千万円を超える。

有害駆除のイノシシから名物料理や特産品を作って「死に金」を回収し、地域経済の活性化に役立てたい――。そんな発想が、総工費約千三百万円（六六パーセントは県補助）をかけた県内初の専用処理場の建設につながった。

処理場の運営は、町設のリゾート温泉施設やレストランも任されている一〇〇パーセント町出資の財団法人倉橋まちづくり公社が引き受ける。

「すごく面白いチャレンジ。海渡るイノシシのイメージで、地中海風のおしゃれな料理に仕立てたい」。公社事務局長の小林春男さん（56）は、さも愉快そうに青写真を描く。以前、広島市内の大手ホテルで宴会畑を歩いた経験からの勘らしい。

事前PRを兼ね、今年二月の町産業祭で、洋風の猪肉料理を島内外の観光客に振る舞った。味付きの空揚げ、ベーコン風焼き肉、くし焼き……。糖度の高い町特産の完熟トマトをベースにしたシチューも出し、喜んでもらった。

倉橋ブランドのイノシシ料理づくりに向け、公社のコックたちはアイデアを練り、腕によりをかけている。

歯車が回り始めたイノシシの資源化事業。出来課長には二つ、気がかりがある。

一つは、都会からの反発。「獣害の実態を知らない人から、動物の命を奪うなと、批判を浴びないだろうか」。都市住民は、猪肉を食べに来てもらうお客でもある。

もう一つは、たとえ猪肉が好評で売り切れても、「観光客のために、捕る獲物を増やすわけにいかない」。駆除は農業被害を防ぐためで、食肉化はあくまで副産物という建前は外せない。幸か不幸か、駆除数は増える一方で、二〇〇二年度は史上最多の九百三十頭に達した。

四月十七日、約三〇キロ離れた山口県の周防大島から、島内四町や農協の職員が視察に訪れた。イノシシがいなかった大島でも今年、東和町で駆除わなに掛かり出したのだという。「被害を出させず、滅ぼさず。イノシシとは持ちつ持たれつ、いうことか」。倉橋島の実態を教わった一行の一人が、悟ったようにつぶやいた。

ぼたん鍋の〝主役〟

追跡　猟師が直接、問屋や店へ

お肉屋さんの店先で、まず猪肉は見かけない。野生動物のイノシシに、家畜の牛やブタのような食肉流通ルートは無い。大半は、猟師が料理店などに直接持ち込む。荷主の一人を島根県西部に訪ね、流通ルートをたどった。国内一の集荷を誇る兵庫県東部、丹波篠山地方の肉問屋には中国山地の猪肉も集まっていた。

猟期さなかの二〇〇二年十二月、猪肉の仲買人をしている浜田市内の猟師宅を訪ねた。海辺の市街地から東に約五キロ、山あいに入った後野地区。庭先にあるイノシシの解体処理小屋をのぞくと、十頭余りの獲物が鼻先を天井に向け、ぶら下がっていた。

「年末は、肉に脂が乗って、いいころ合いだぁね」。小屋にいたあるじ、近重秀友さん（71）の顔がほころぶ。狩猟歴五十年のベテラン。市内や近隣の山で猟師が捕ったイノシシを買い取り、肉問屋や常連客に売りさばく。同じような仲買人が島根県内に六、七人いる、という。

獲物はどれも、血液を抜き、内臓を取り除いてから近重さんの元に届く。「肉の下処理は、仕留めて一時間以内が勝負」。肉に血液や内臓のにおいが残ると、売り物にならない。「状態が悪い」と見れば、引き取らない。

いい肉を出すには、肉を傷つける銃猟は避け、ワイヤで脚を絡め取る、くくりわなを使う。わなには、獲物が掛かると反応する電波発信機を取り付ける。野垂れ死にした獣肉の販売は、食品衛生法で禁じられている。生きている方が、血抜きもしやすい。

出荷に向け、荷造りが始まった。選んだのは生後二、三年の四〇キロクラスの二頭。五、六歳を過ぎると、肉が硬くなり、値打ちが下がる。厚手のビニール袋に包み終わったころ、声をかけてあった運送業者の保冷トラックが着いた。送り先を尋ねると、ぼたん鍋で有名な兵庫県篠山市だった。

「昔は夜通し、国道を走っても、十時間以上かかった」。近重さんたちは一九七〇年ごろ、軽トラックに獲物を載せ、篠山へ持ち込んだ。高速道路の中国道も浜田道も、まだなかった。八〇年代には好景気で猪肉の需要が伸び、一時は、篠山の問屋が浜田まで買い付けに訪れた。だが、他の高級食材と同じく猪肉もバブル崩壊の影響を受けているという。

近重さんは十年前、食肉の処理と販売の資格を取り、自前でも売り始めた。ひと冬に何頭をさばき、一頭いくらで売り買いするのか――。尋ねても、「まあ、ええじゃない」とはぐらかす。市場を通らない猪肉は、競りにもかからず、価格は取引相手によって変わる相対の世界だ。

近重さんの荷を積んだトラックの後を追い、雪の舞う浜田を出発。篠山市までは約四五〇キロ。国道九号を東に走り、米子道、中国道を経由して出発から五時間で、運送会社の倉庫が並ぶ兵庫県加西市に。ここで荷を小分けにし、別のトラックに積み替えた。舞鶴道を通り、一時

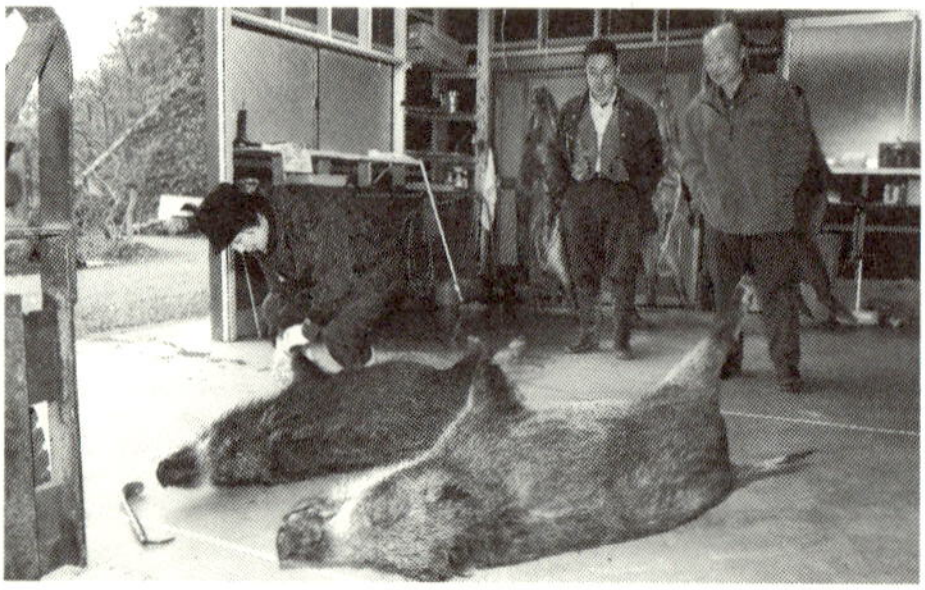
イノシシの荷造りを見守る仲買人の近重さん（右端）。よりすぐりの2頭は40キロクラスだった（浜田市内）

肉問屋の保冷倉庫には、各地から届いた獲物がひしめくように並んでいた（篠山市内）

町のあちこちに、「ぼたん鍋」と書いたのぼりや看板が林立する（篠山市内）

間半ほどでぼたん鍋発祥の地、篠山に到着した。

篠山川に架かる橋の上に、イノシシの石像が載っている。掘割や江戸期の商家など、城下町の風情が残る商店街。「ぼたん鍋」の文字が躍るのぼりや看板が立ち並ぶ。イノシシ料理店は市内に五十軒ほどある。

ぼたん鍋は、一九〇〇年代初めに篠山市内に駐屯した旧日本陸軍のみそ汁が始まりとされる。訪れる観光客は、大阪や京都を中心に年間二百四十万人に上る。

近重さんと取引のある問屋を訪ねた。創業から五十年余りという老舗。取材を申し込むと、三十年勤める営業部長の表情が曇った。「話をするんはええんですけど、うちの名前を載せんでもらえんやろか……」。取扱頭数や買値などを明かすと、相手の猟師がいい顔をしない、という。

市内に五軒ある問屋全体で、年間およそ四千頭の猪肉を扱う。取材した問屋の保冷倉庫は、五十頭のイノシシで満杯だった。それぞれに猟師の名札がぶら下がっている。大半は篠山市を含む丹波地方の獲物だ。「島根県産はまあ、一割ですなぁ。山の餌をしっかり食べて、肉質は上々ですわ」と営業部長。

問屋直営の販売店をのぞいた。赤身の多い「並」のスライス肉で一〇〇グラム五百円。真っ白な脂がたっぷり付いた「特上」になると、一〇〇グラム千五百円に跳ね上がる。

猪肉の異名通り、ボタンの花のような皿盛り。みそ仕立てで、ゴボウなどの根菜と土鍋で煮込んで食べる（篠山市内）

いくつかの店舗で確認したところ、ぼたん鍋は、一人前五千円が相場だった。スープの味付けに使う、みその調合は企業秘密。練った丹波栗が隠し味の一つと聞いた店で味見した。肉は軟らかく、臭みもない。体のしんから、ぬくもった。

生まれて半年で一〇〇キロ以上に太るブタに比べ、野生のイノシシなら四、五年はかかる。おまけに体重の半分ほどしか、売り物にならない。猪肉は、大量に、安定した供給を求める現代の流通には不向きの食材のようだ。

その猪肉を扱う問屋が集まる篠山は、西日本の猪肉流通の拠点ともなっている。集まった猪肉は、地元の料理店や精肉店のほか、一部は関西や中国、東海地方の都市部にも送られる。

猪肉が「地産地消」向きなら一層、丹波篠山ブランドの独り占めにさせておくのは、もったいない。中国山地は丹波地方に負けない自然環境で、うまいイノシシの産地なのだから。とっぷり暮れた篠山の町は、鍋を囲む客でまだ、にぎわっていた。

猪肉　食の安全管理

山で奔放に育ち、何を食べたか分からない、野生の猪肉を流通させるには、衛生管理が心配の種となる。猪肉の本場、篠山市を抱える兵庫県は独自の指導要領を備え、食品衛生法を補ってきた。

「鳥獣処理加工指導要領」。猪肉の需要が伸び始めた一九八三年に作った。食肉処理業者などに対する、六十近い注意事項を盛り込んでいる。

中国地方でも、地域ぐるみでイノシシの解体処理施設を設ける動きが各地にある。参考に、兵庫の指導要領のポイントを紹介する。

【処理加工】

解体後の肉製品は四度以下の低温で保管する↓冷凍での保管、輸送は肉製品の中心温度を氷点下一五度以下にする↓製品は、ふた付きの容器や合成樹脂製のフィルムで包装後、保冷車で運ぶ。

【管理運営】

解体や加工に用いた機械や器具は使用後、八三度以上の温水で洗う↓食中毒を引き起こす大腸菌などの自主検査を年二回以上は実施し、記録を一年以上保管する↓施設の清掃は一日に一回以上、大掃除は毎週一回以上行う。

猪肉は何も国産ばかりではない。海外産も出回っている。二〇〇二年の輸入量は二二五トン。一九九三年から十年間で八・六倍に増えた。細菌や寄生虫が持ち込まれないよう、厳しい検疫を通った肉のクリーンさと、値段の安さが魅力のようだ。

二〇〇二年の輸入先はカナダだけだった。十年以上前に主流だったオーストラリアやニュージーランドは、影が薄くなっている。理由は「価格の安い輸出国に人気が移った」（農水省食肉鶏卵課）からだ。

海外ものは、飼育イノシシ。生きた状態で輸出前に数カ月間、病気の有無を検査する。カナダ大使館や日本の輸入業者によると、カナダ西部のロッキー山脈のふもとなどでイノシシを飼育しているという。

肉は骨付きの「枝肉」などに解体して、数や重量を記した政府の証明書を添え、飛行機や船で輸出する。日本に着くと、空港や港湾の検疫所で食品衛生監視員が見て触り、においをかい

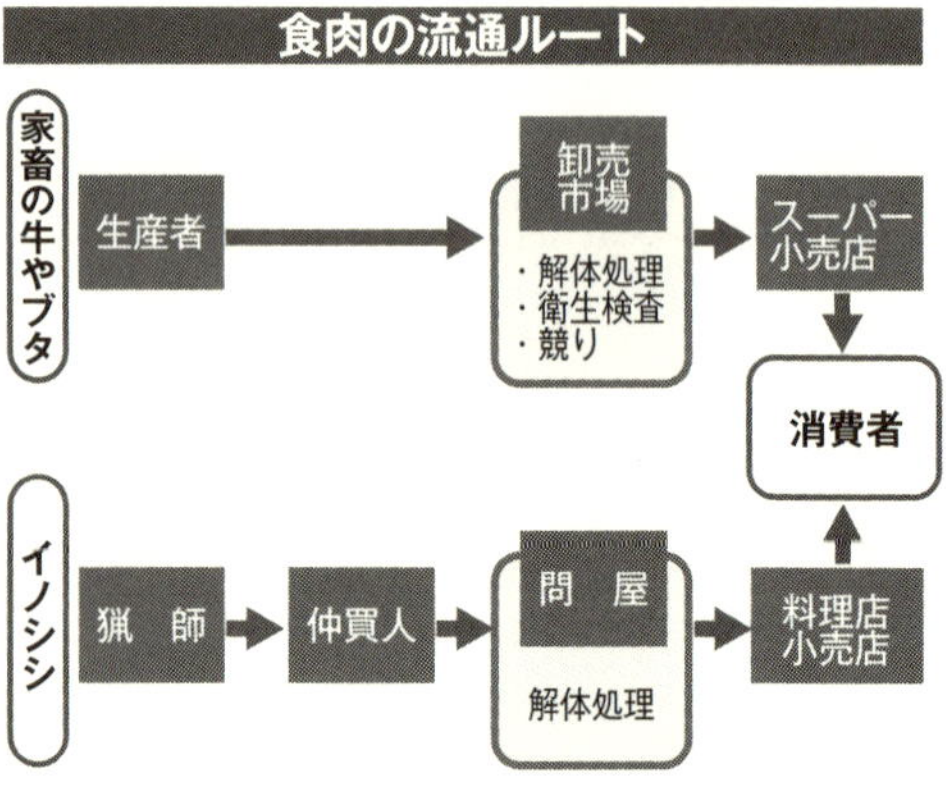

で、病変などを調べる。微生物検査をするケースもある。
二〇〇三年の正月から、新メニュー「すき焼き風しし鍋」を出した広島市西区のレストランも、使ったのはカナダ産の猪肉。広島県内で猟師やイノシシの飼育場に五〇キロ分のロース肉を注文したら、「一頭丸ごとでなきゃ駄目」「ロースは猟師の取り分。肩肉かモモ肉しかない」と、らちが明かなかった。

海外からの国別猪肉輸入量

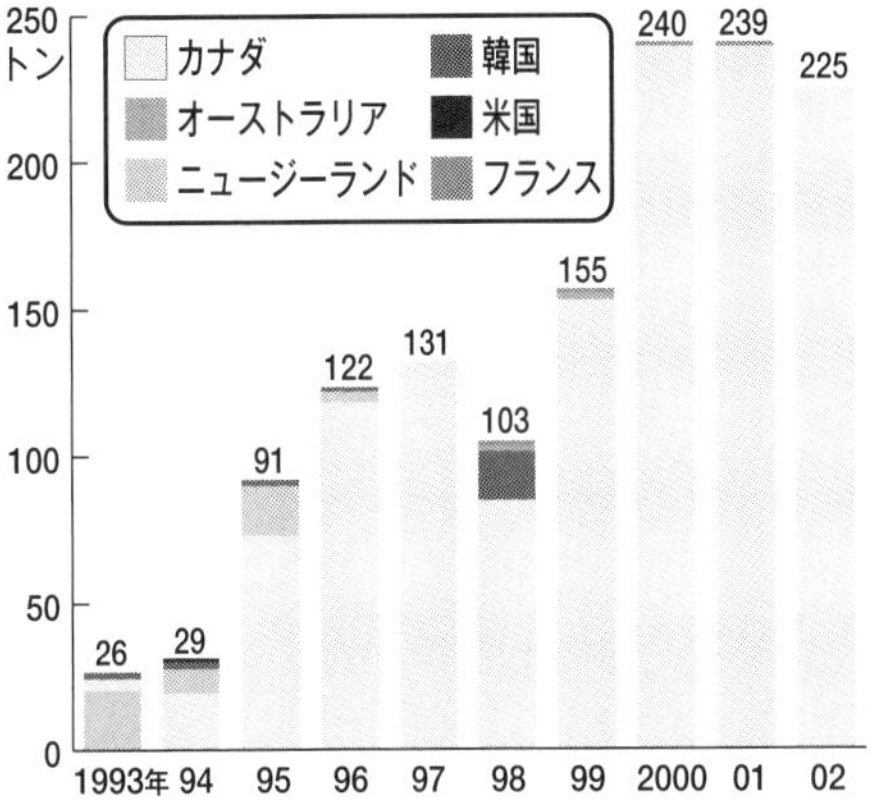

出入りの食肉業者から「カナダ産がある」と聞き、発注。臭みもなく、軟らか。値段も一〇〇グラム当たり百八十円と、市販の豚肉とほぼ同じだった。ユズみそ仕立ての鍋で魚の刺し身などを付け、一人前が三千円。上々の人気で、二百食が売れた。「これが国産の肉なら、倍額のお代は頂かないと」と言う。

国産のイノシシは家畜と違い、食肉の卸売市場には持ち込めない。都道府県に猪肉の取扱量を報告する義務もなく、国内の流通量は国もつかめていないのが実態だ。

「害獣一転、煮てよし、揚げてよし　中国地方で調理の試み」

「舌の上で、とろけそう……」。テレビのグルメ番組で、こう表現される肉は、牛かブタだ。猪肉は、そんなやわではない。歯ごたえある肉。あっさりして甘みさえ感じる冬の脂身は、食通をとりこにする。駆除の盛んな中国地方では、夏場のイノシシも食材として生かす工夫が各地で続く。人気料理のレシピを交え、成果を紹介する。

中国道鹿野インターから北へ約四〇キロ、山口県むつみ村の国道三一五号沿いに道の駅「うり坊の郷《さと》」はある。二〇〇一年六月の開業以来、一年中、猪肉を売っている。「予想以上の売れ行きで、去年は夏休み前に在庫が品切れになってしもうて。お客さんに迷惑をかけた」。肉を出す地元の農事組合法人「小国ファーム」（十二戸）の役員、下瀬進さん（55）が頭をかく。

施設や公衆トイレは、県や村が整備してくれた。「害獣のイノシシも、田舎ならではの資源。売り物にしたい」という、逆転の発想が受けたからだ。「害獣と憎み、嫌うんは簡単やけど、善悪だけで物事を切り捨てるんは私の性分に合わんから」と下瀬さん。

猪肉が都市部から客を呼び、地域おこしにつながり出すと、憎しみ一辺倒だった住民の目は変わった。隣接の食堂も売店の肉を使い、冬は猪鍋を出し、この春からは猪肉うどんを献立に加えた。

猪肉は、冬に買い付けて保冷庫で蓄えている。島根県境の山中で仕留めた獲物を、ハンターが持ち込んでくる。一頭丸ごとを一キロ千円ほどで買い取る。食肉の処理・販売資格を持つ下瀬さんと猟の先輩、中村文人さん（70）が施設奥の処理室でさばく。

スライス肉は一〇〇グラム当たり、ロースが六百円、バラ五百円。シチューや空揚げ用に塊でも売る。月平均で二十万～三十万円の売り上げがある。

法人で牧場を設け、駆除用のわなによく掛かる幼獣のウリ坊の飼育もしている。三〇アールの牛の放牧場跡を高さ二メートルの金網で囲い、五十頭近くを飼っている。「夏場のイノシシは脂が乗らず、そのままじゃ売れんから。だから育てて、冬まで待つわけ」。餌は古米や大豆、野菜くず。野生の味を考え、人工飼料は与えない。この秋には、牧場育ちの猪肉も店頭に並ぶはずだ。

しまねの味開発指導センター　夏場のレシピ大好評

しまねの味開発指導センター（島根県浜田市）が開いた夏場の猪肉の試食会では、空揚げ、つくだ煮、みそカツが人気料理のベスト3。角煮、チャーシューと続く、好評の品々を並べてみ

料　理	評価点
空揚げ	4.3
つくだ煮	4.2
みそカツ	4.1
角煮	3.8
チャーシュー	3.8
土手煮	3.8
ステーキ	3.7
ジャーキー	3.4
ハンバーグ	3.4
スープ	2.5

（しまねの味開発指導センター調べ）※評価点は、試食した73人の平均。〈良い〉を5点、〈悪い〉を1点とし、5段階で採点した。

夏場イノシシ料理の試食会での人気ランキング

ると、まるで豚肉料理のオンパレードのようだ。

「もともと、ブタの先祖ですからね。豚肉と同じような調理をすればいいんです」。センターで研究した県職員の久家美奈さん(30)は、猪肉を特別視する必要はないと説く。

野生の肉独特の香りに慣れない人には、もう一味を足すのがこつという。調味料にハーブや香辛料を加えて下味を付けたり、ショウガやシソなどの香味野菜を一緒に使うといいそうだ。

センターが、夏肉のレシピを紹介したパンフレットは初版二千部が底をつき、千部を刷り増した。「ぼたん鍋しか知らなくて……」「ハンターにブロック肉をもらったけど、弱っていた」。県民から直接、お礼の電話がかかった。

材料は、おすそ分けの肉でもいいが、細菌感染には注意し、保冷や十分な加熱が欠かせない。

大崎海星高校　生徒が創作メニュー

二〇〇〇年春、広島県竹原市から大崎上島の大崎海星高校に転任してきた家庭科の金森真理子教諭(48)は、「すき焼きの肉はイノシシだよ」「うちは鍋に入れる」と話す生徒たちに驚いた。「食べ慣れているんですよね。島育ちなのに」

瀬戸内海に浮かぶ大崎上島。六、七年前から、特産のミカン畑を襲うイノシシ被害に悩まされ、駆除が続いている。

金森教諭の勧めで〇一年度から、家庭科を学ぶ女子生徒が、駆除の獲物の猪肉を使う創作料理を課題に選んできた。猟友会や農家への聞き取りから始め、生態や被害の実態、防除対策費の重さを知った。

味を練り、三つに絞り込んだ自慢メニューは、カレーパン、シチュー、辛味いため。レシピ集を作って町内や隣町に配り、学校のホームページにも載せた。

「学習効果が一番あったのは、私かも」と金森教諭。「脂ぎって硬い」というイメージが消え、「こんなおいしい肉はない」に変わった。塩コショウを振った、骨付きあばら肉のオーブン焼きが、今は大好物だそうだ。

第六章　人こそ天敵

片や「地球にやさしく」、片や「自然保護じゃあ、飯は食えん」。両極端の正論に気おされ、日本社会は今、イノシシとの間合いを測りかねている。もともと、野生動物の「天敵」が人間の役回り。慈しみの心は忘れずとも、務めは果たさなければならない。今一度、宿命をかみしめ、連載を締めくくる。

（二〇〇三年五月二十九日～六月三日掲載）

街なかに馴染んでいく獣

野性奪う餌付けの罪

所変われば品変わる、というのはイノシシの世界も同じらしい。

広島県瀬戸田町の生口島には、目の前で鉄砲を向けても逃げなかった、ものぐさなイノシシが語り草となっていた。

二〇〇〇年十一月。

「初猟の日じゃけぇ、よう覚えとる」。町内の会社役員村上真一さん（55）は友達と、近くの島へカモ撃ちに出ていた。昼前、妙な無線が入った。

「猪《しし》がミカン畑に寝そべって、どうもならん。缶々をたたいても起きゃあせんのよ」

「そんなイノシシがおるかいの」と冗談半分で聞き置いた。二時間ほどして島に戻ると、まだいた。防風林の根元にうつぶせで二頭。一〇〇キロを超す大物だった。銃で狙っても逃げず、楽々、仕留めた。

「イノシシが、野性をなくしとる。甘やかす人間のせいじゃ」。村上さんたち猟仲間は思い出話のたびに、そう思う。

瀬戸内の島々から中国山地へと回った取材先でも、これほど人を怖がらない例は聞かないと思っていたら、似たイノシシが兵庫県神戸市にいた。

人を恐れず、餌をねだって近づく野生のイノシシたち（神戸・芦屋両市境の六甲山系）

六甲山系を背にした港町神戸。街角の生ごみや家庭菜園を目当てに、イノシシが夜な夜な、山から下りてくる。ひづめが滑って苦手なアスファルト路面をうろつき、出くわした住民の方も慌てず、自動車は道を譲る……。はた目には変てこな「共存」の風景が、なじんでしまっている。

聞けば、神戸のイノシシが人ずれした発端は餌付けだという。山登り客や研究者が、弁当の残飯や餌でおびき寄せ、「人に近づきゃ食いっぱぐれないし、危害もない」と勘違いさせたらしい。人は自ら、天敵の座を下りたのである。

餌付けの弊害については、中国新聞の紙面でも無自覚だったと反省しなければならない。

本紙の記事データベースを検索すると、イノシシの餌付けや飼育の話題が幾つも出てくる。「家族の一員」「すくすく成長」「心が和む」など、ほほ笑ましい言葉が記事を彩っている。当然、記者にためらいはないのだろう。昨年春の紙面で初めて、餌をやる人を匿名にして、分からなくする気遣いを見せている。

「でもねぇ、餌付けはむげに全否定できないんですよ」。宮島（広島県宮島町）のシカや広島市北部のサルを研究している広島県立大非常勤講師、林勝治さん（64）＝広島市佐伯区＝は「日本人の心根深くにしみ込んでいる、施しの気持ち」が餌付けという行為に結び付いている、と言う。

肉親を失ってからシカに餌をやりだした人、神社のほこらにそっと置かれているミカン。そんな風景を見続け、「節度ある量の餌なら許してあげたい」と寛容な林さんだが、見過ごせない問題もある。

人間の側は餌付けとは思いもせず、しかし野生動物にすれば立派なごちそうが並ぶ、無防備な田畑である。

イノシシの街　素知らぬ顔、奇妙な「共存」

遊び感覚の餌付け、路地に積んだ生ごみ……。「ごちそう」を恵んでくれる人間はもはや、イノシシの敵ではない。背後に山を抱える港町、兵庫県神戸市では三十年来、住民とイノシシとの奇妙な「共存」関係が続いている。地形が同じ、中国地方の海沿いでもうかうかしてはいられない。

餌や生ごみ「害獣」招く◉神戸　ヘッドライトの逆光に、二頭のイノシシが浮かび上がった。たてがみのような剛毛、体重は一〇〇キロ近い。午後七時すぎ、神戸市中央区の異人館通り付近。しょうしゃな教会や外国料理店が並ぶ、昼は華やかな街を、夜な夜な獣がうろつき歩く。「山から毎晩、下りてな。お決まりのコースを歩きよる」。近くの住民に聞いた彼らの「散歩道」を、たどってみた。

二頭は横断歩道を渡り、住宅街へ。路地裏で飼い犬がほえ立てる。家路を急ぐサラリーマンと擦れ違った。人間もイノシシも、素知らぬ顔。そのまま商店街に抜け、めざす駐車場に入った。

「誰か知らんけど、餌やっとるんです」。駐車場に車を停めた若いサラリーマンのそばで、二頭が茶わんの残飯をむさぼっている。「晩にごみを出しに行こうと玄関あけたら、目の前にいることもある。けど、別に怖いイメージはないね」

神戸の街にイノシシが現れだしたのは一九七〇年代初め。六甲山系の山すそを切り開いた団

イノシシに関する苦情件数（神戸市調べ）							
年度	1996	1997	1998	1999	2000	2001	2002
住宅の家庭菜園などの被害	21	48	63	45	68	31	87
ごみ集積場を荒らす	4	8	11	7	11	2	17
接触による転倒など人身事故	3	3	5	8	20	8	9
餌付け中止の指導要請	3	4	2	5	13	6	19
イノシシがいて怖い	15	24	22	25	37	8	24
死がいの処理要請	2	3	7	4	8	4	4
その他	6	30	34	26	54	41	68
計	**54**	**120**	**144**	**120**	**211**	**100**	**228**

地の周辺をうろつき出した。「人間が餌をやって招き寄せたんです。食べ物を人にもらう癖がついてしまった」。六〇年代から県内で野生動物の生態を研究する兵庫医科大の朝日稔名誉教授（73）＝生態学＝は言う。

六甲山は、登山などで年間四百六十万人ほどの観光客でにぎわう。弁当のおすそ分けや置き去りの残飯が餌になった。餌付けで人になれたイノシシは山を下り住宅地へと入っていった。

山辺に約四千人が暮らす市東部、東灘区の渦森台団地。「（幼獣の）ウリ坊がかわゆうてね。みんな家の窓から、パンやらジャガイモやら放ってましたわ」。地区役員の永原隆憲さん（65）は、人獣のなれ合いの発端を振り返る。

神戸の市街地にイノシシが下りた原因は、まだある。生ごみだ。

市は二十年ほど前、家庭ごみを集めるため街角に置いていた鉄製コンテナを廃止。「通行の邪魔」という住民の声が理由だった。野ざらしになったごみ集積場は野生獣の餌場に変わった。

十年もすると、住民から苦情が出始めた。「夜中に集積場が食い散らかされた」「家庭菜園がむちゃくちゃ」……。揚げ句、イノシシが通行人の買い物袋を餌と勘違いして引っ張り、けがを負わせるようになった。

市に届くイノシシ関係の苦情は二〇〇〇年度、二百十一件に上った。市は〇一年度、朝日名誉教授を座長に、研究者や市民による「イノシシ問題検討会」を設置。提言を基に〇二年五月、全国で初めてイノシシの餌付けを禁ずる条例（通称「イノシシ条例」）を施行した。

「餌付けをやめ、イノシシが街に出る原因を絶たな、あかんのです。街に来ても餌はないというように」と市農政計画課の長沢秀起係長（44）。

市街地では銃による駆除に危険が伴う。わなで〇二年度、過去最高の二百四十九頭を捕ったものの、イノシシが姿を消したわけではない。餌付けの自粛やごみ出しマナーなどの住民学習に力を注ぐべきだというのが市側の考えだ。

渦森台団地の住民は〇一年十二月、条例の施行に先立って勉強会を開いた。「相手を知らんと手が打てん」と、イノシシの目撃地点や風呂場代わりのヌタ場などを地図に書き込み、小冊子にまとめて区内外に配った。そのせいか、イノシシよけのネットを家庭菜園に張ったり、夜間のごみ出しを控える住民も増えだした。

市全域でも、イノシシについての苦情件数が条例施行の〇二年度には二百二十八件と、前年の二・三倍に増え、市民の問題意識の高まりをうかがわせている。

「街へ来るな」と動物に言っても通じない。人間の側が、暮らしの中で行動や考えをあらため

神戸市の「イノシシ条例」(7カ条)の主な内容

- イノシシによる被害防止のため、市は啓発活動に取り組む（第2条）
- 住民の意見を聞き、市は餌付けやごみの放置を禁ずる規制区域を設けることができる（第4、5条）
- 違反者に対して、市は指導や勧告ができる（第6条）

※神戸市の条例に罰則はない。長崎県・対馬の6町はそれぞれ2002年4月、町長の許可を得ずにイノシシの持ち込みや飼育を禁止する条例を施行。違反者には10万円以上の罰金を科している。

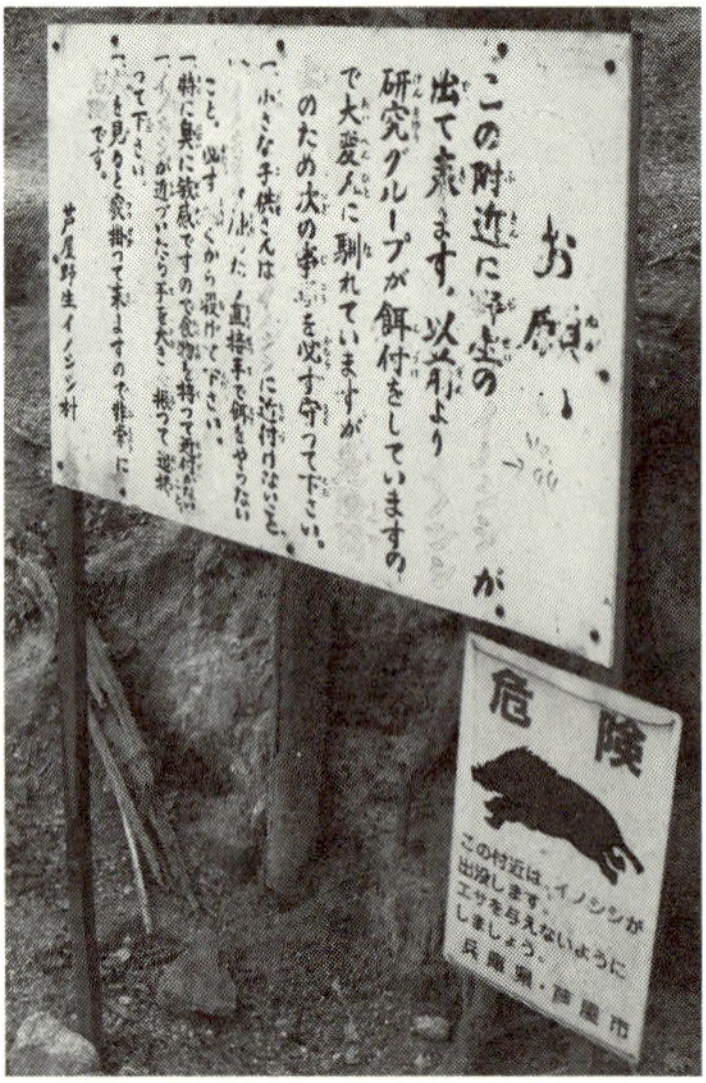

餌付けのルールを教える古い看板と、餌付けを戒める新しい看板。考え方の混乱がうかがえる（2003年2月、芦屋市）

ないと――。朝日名誉教授も神戸市も、長年染み付いた「共存」関係をほどくには、時間がかかってもその道しかない、と思い定めている。

駆除・捕獲に悪戦苦闘◉呉　三方を山々が囲む港町、人口約二十万人の広島県呉市でも、イノシシとの摩擦が起き始めた。

食事を終えたのか、段々畑の方向から山に戻るイノシシ。背景は呉港の明かり（呉市の川原石地区）

市中心部から西に約三キロ離れた川原石地区。二〇〇二年秋、住民十五人が西部地区猪被害連絡対策懇談会を立ち上げた。「住民の暮らしを守るためなんよ」と発起人の警備員元谷照男さん（66）。

異変は、五年ほど前に始まった。定年後に耕しだした、わずかな畑を食い荒らす。駅に近いごみ集積場にも現れた。

地区内に急斜面が多く、「イノシシの掘り返しで地盤が崩れ土砂災害につながらないか」と危惧する声も出る。実際、掘り返しの土砂で用水路がふさがれる問題も起きた。

懇談会の集会には、地区外からも参加者を募っている。獣害の実態や対策の情報を交換しながら、住民の問題意識を高めるためだ。会員の一人は懇談会の動きに力を得て、わなの狩猟免許を取得。地区での捕獲作戦に乗り出した。

ところが〇三年三月、市内の別の地域で、小学生が誤って箱わなに入り、閉じ込められる事故が起きた。市は慌てて、わなの設置先を記した地図を小学校や保育所などに配り、注意を呼び掛けた。

農業被害と連動する市内のイノシシ駆除数は、一九九〇年度からほぼ年々増え続け、二〇〇〇年度には過去最高の五百五十頭を記録した。七十四頭だった九〇年度の七・四倍。駆除用に市が買い込んだ箱わなや捕獲柵は、合わせて百五十基にもなる。

「イノシシはあつかましくなるばかり。街なかを平気な顔で歩かれちゃあ困るが、現場が増え、対応しきれなくなった」と市農林水産課。〇三年五月から、猟友会の九人をイノシシ対策専門の臨時職員として雇っている。わなの仕掛け方や田畑の防護法などの問い合わせに、現地へ出向いて指導する態勢を強化している。

団地開発…目立つ出没◉広島　二〇〇二年十月、広島市西区の街なかでイノシシ騒動が起きた。港近くの市中央卸売市場界わい。山からは二キロほど離れ、間に国道二号や広島電鉄、JRの線路も走っている。

警察署員が網で追い回し、約三時間がかりで捕まえたら、今度は取り扱いに困った。田畑を荒らすか、人身被害がない限り、「害獣」扱いはできない。脚の骨が折れており、「山に返すのは無理」と見立てた動物園が安楽死処分にした。

「田畑もない市街地に出没されると、手出しが難しい」と西区の区政振興課。担当職員も、街なかで野生のイノシシを見たのは、この騒動が初めてだった。

道路わきの溝に身を隠し、投げ捨てられたごみから餌を探すイノシシ。ひっきりなしに通る車にも驚かない（2003年5月、広島市西区の己斐峠）

市全域のイノシシ駆除数は右肩上がりで、〇二年度は千五十四頭と、三年前の一・七倍に増えた。駆除頭数の九割強は山間部の多い市北部で、デルタ地帯の中、南両区では捕獲ゼロ。山すそで団地開発が進む西区では三十五頭だった。

「家の近くにイノシシがいるけど、危なくない？」。西区役所にかかる住民からの電話にここ数年、そんな相談が届く。団地住民の通勤ルートである己斐峠や近くのゴルフ練習場では、頻繁に目撃されている。

「相手は野生の動物。人なれしないよう、餌をやらず、近寄らないで」。担当者は、相談にそう答えている。

あの手この手　脱・獣害へ

箱わなでイノシシを捕るこつを教える時に、島根県中山間地域研究センターの小寺祐二さん(32)はよく、こんなたとえ話をする。

「餌で誘い込む箱わなは、山の中のレストランと考えてください」

いちげんの客が店に入りやすい雰囲気づくりと、イノシシの警戒心を解いてわなに引き込む工夫は同じだ、と説くのである。店内が外から見通しやすいかどうか、食欲をそそるにおいがしているか、ごちそうのメニューが分かりやすいか……。

そんな条件を、わな以上に田んぼや畑が満たしている。すきだらけの露地に、これ見よがしに農作物が並んでいる。過疎地ならその上、昼も夜も人影はまばらだ。獣たちからみれば「おいでおいで」をしてくれているようなものなのである。

田畑の防護法は理屈の上では、片が付いている。箱わなに誘い込むこつの真反対をやればいい。農作物を見せないように目隠し板で四方を囲い、電気柵などの嫌がる刺激物で追い払う。

現実はしかし、そんなふうに進んでいない。高齢や独居の農家には、板囲いは重労働だし、電気柵の用意には金がかかる。その結果、無防備な田畑が残る。休耕地はイノシシが身を隠すのに好都合なやぶに変わり果てる――。
隠れがと餌場が入り交じるモザイク状の農地は、獣たちには「楽園」と映ってしまうに違いない。

住民合意で、獣害から守る水田だけをフェンスで囲った二反田集落。写真奥が犠牲田（山口県むつみ村）

「要は、農業をどうするかの問題なんです。地域ぐるみで農地の整理まで考えないと、遅かれ早かれ、獣害に疲れ果てる」と小寺さん。

集落営農が進む山口県むつみ村では、集落内の話し合いで、守るべき水田をより分け、残りはイノシシのヌタ場（泥風呂）用として犠牲にする動きが現れだした。

わずか九戸の二反田集落は昨年秋、イノシシよけに高さ一・三メートルの金網フェンスで集落の田んぼをぐるりと囲った。獣道に近く、数年前から耕作をやめている荒れ田は地権者も県外にいるために捨て石とし、囲う対象から外した。費用は、二〇〇〇年度から折よく国が始めた「中山間地域等直接支払制度」でほとんど賄えた。

発想を変え、イノシシが嫌いな農作物づくりに活路を見いだす所もある。

滋賀県農業総合センターの農業試験場湖北分場は三年間、ほ場の作物で食害の有無を調べた。被害なしで済んだのは四十一品目。キャベツやホウレンソウ、シソといった葉菜、あくの強いミョウガやショウガ、辛いワサビやトウガラシなどが無傷だった。ほぼ全滅の根菜類でも、ゴボウは食害に遭わなかった。

同分場は今年、本当に嫌いで食べないのか、偶然だったのか、飼育イノシシで検証する。掘り返しの被害が少なかった数種類のハーブの忌避効果も実験で確かめる。

このような、農村の右往左往の発端には実は、都市の消費者たちが深くかかわっている。

しっぺ返し　里山乱す都市の食欲

コシヒカリの流行が、イノシシを里に引き寄せた一因という、意外な説がある。

米どころの島根県仁多町、岩田一郎町長（77）もこの仮説にうなずく一人。「昔は十月一日が収穫祭のピークだった。早稲《わせ》のコシヒカリが流行して、近ごろは刈り入れが八月下旬だよ。ドングリが落ちる前に稲が実るから、イノシシが山から下りてくる」

ドングリは、イノシシの食い気を満たす大好物だ。杉やヒノキの植林が戦後はやり、木の実は山からめっきり減った。遅まきながら、仁多町は一九八五年から針葉樹の造林をやめ、クヌギを植えているという。

中国五県の米作付面積（二〇〇二年）を銘柄別にみると、コシヒカリの比率が島根は八二パーセントで、二位鳥取の五六パーセントを大きく引き離してトップ。風土から晩稲《おくて》品種の多い山陽側の広島や山口は三〇パーセント台、岡山は一五パーセントしかない。

イノシシに狙われやすいと知りながらも、「仁多米」を銘柄米に押し上げてくれた立役者のコシヒカリを、捨ててしまうわけにはいかなかった。「都会の消費者の食欲には、誰も逆らえない。従うしかないもの」。岩田町長は淡々と言う。

林野庁が〇二年度から全国で繁茂の実態を調べ始めた竹林も、やはりイノシシの餌場を広げてきた。春には大好物のタケノコが生えるからだ。

高度経済成長とともに、竹編みのかごやざるはプラスチック製品に市場を奪われ、タケノコも輸入物が増えた。材価の低迷で山は荒れ、減反・転作で耕作条件の悪い山際から田畑の放棄が進む一方。伸び放題で無人の竹林の根元にむしゃぶりつくイノシシは勢い、里に近づいてくる。

広がり続けるイノシシたちの版図。それは、人間界の欲へのしっぺ返しでもある。

韓国国境が近い、長崎県の離島、対馬。ここにも、しっぺ返しの典型がある。江戸時代の対馬藩は九年かけ、約七〇〇平方キロの島内にいた八万頭余りのイノシシを一頭残らず滅ぼした。延べ二十三万人近い島民を駆り出した藩奉行の一人が、陶山訥庵（一六五七－一七三二年）

である。

諫早市の研究者で同県諫早市に住む農学博士、月川雅夫さん（75）は「ぜひ、知っておくといい」と後日談を教えてくれた。

獣害の不安が消え、島民は伝統農業の「木庭《こば》」と呼ぶ焼き畑耕作に熱を上げた。イノシシよけの垣根になる材を育ててきた里山まで開墾し、土砂崩れや水害が起きた。むやみな開発で、自然のバランスが崩れたのだ。諫早は後に、木庭停止論を唱える。

「イノシシは山の神。あれで、森の生態系が健康かどうか、教えてくれるシンボルなんですよ」と月川さんは諭す。

江戸開幕から四百年。大都市の東京でも、獣害対策の小さな実験が始まった。

農家支援に獣害ハイク

どこか語感がしっくりこない「獣害対策ハイキング」という試みに、東京都八王子市が昨年冬から取り組んでいる。

集団で野道や山道をぞろぞろ歩き、人里に近づいているイノシシやサルなど野生動物を追い払う。「歩くだけでも、効果があるんですよ。何せ、人間は天敵なんですから」。同市農林課の遠藤護人課長（51）が言う。

イノシシやサルの追い払いを兼ね、都市住民が里山歩きを楽しんだ獣害対策ハイキング（東京都八王子市）

八王子は都心から電車で一時間と近く、市西部の高尾山（五九九メートル）には年間二百五十万人のハイカーが訪れる。獣害ハイクの参加者は公募した。わき道だらけの約五キロのコースが関心を引いたのか、昨年十二月と今年三月の二回とも、定員二十五人はすぐ集まった。

獣害ハイクには、二つのもくろみがある。

一つは、助っ人。山歩きを楽しんでもらいながらボランティア精神もくすぐって、獣害対策を手伝ってもらう。もう一つの方が、本当の狙いだ。「身近な野生動物といえばカラスかスズメぐらいという街なかの市民がいれば、山あいの農村地帯で獣害に日々悩む市民もいる。市民間で相互理解を進めないと、行政の鳥獣対策は立ち行かなくなる」と遠藤課長。

八王子には都会と農村の、二つの顔が混在する。ＪＲ八王子駅では一日に十数万人が乗り降りする。一方、神奈川県境の山間部には、童謡「夕焼小焼」の作詞者の古里らしい面影が今なお残る。

獣害ハイクのコースには、農家に思いを致してもらえるような趣向を凝らす。途中、四方を電気柵で囲った畑に案内したり、被害農家の生の声を聞かせたり。地元のハンターは猪肉の鍋や焼き肉を一行に振る舞い、交流した。

「駆除」という言葉を八王子市の職員は避けている。都市部では駆除イコール殺生と受け取られ、「かわいそう」「なんてことするんだ」と反発を買うらしい。

「多摩川に現れ、人気者になったアザラシのタマちゃんも一頭だから皆、かわいがるんですよ。あれが五十頭だったら、気持ち悪がりますよ、きっと」。市農林課の高橋達巳さん（40）は、身勝手な傍観者意識が気に食わない。

高橋さんは、市が今年四月から専属で二人配置した獣害パトロール員の一人。野生動物に関心が強く、二〇〇一年十二月に庁内で起こした獣害対策プロジェクトチームに参画した。

毎日のように市内を回り、農家に声を掛ける。銃猟免許も取り、農家の仕掛けたわなにイノシシが掛かれば、休日でも駆け付ける。「獣害の最前線にいる農家は、孤立感が強いんです。誰も本気で悩みを聴いてくれなかったから」と高橋さん。

「食」の生産現場を知らない消費者たちを、獣害ハイクは農村に誘う。農家に心寄せるきっかけになるように。

「助っ人」役を牛に頼む試みも始まっている。

つづく試行錯誤　対策を担う決意

用心棒　放牧牛

すご腕のイノシシ見張り番がいる、という。中国山地の分水れい、島根県六日市町。「うちのヘルパーじゃろ。今は、腹ごなしに木陰で昼寝中かな」。団体職員斉藤学さん（46）が実家裏のクリ山を仰ぎ見る。

登山道の両側に、電気柵を張ったクリ林が続く。人の気配は無い。「オーイ」。四輪駆動車を降りた斉藤さんが手をたたく。しばらくして現れた見張り番は、六〇〇キロ近い巨体の牛だった。

斉藤さんは、地元の農家六戸が営む合計二〇ヘクタールほどのクリ園で二〇〇一年春、牛の放牧を始めた。荒れ果てる一方の農園再興が目的だった。

クリ園の地権者は、平均年齢が八十歳前後。「腰痛で、やれん（かなわない）」「どうせ、サルに食われるから」と、休廃園が年々増えていた。手入れをやめても、実はなり続ける。草ぼうぼうの休廃園にイノシシが居着き、隣り合う現役の栽培園を荒らしだした。

再興とはいえ、専業で食える規模ではない。過疎地に、おいそれと人手も集まらない。一番の難題は、園内の草刈り作業。ひと夏に三回、四回と繰り返す。「炎天下、蒸し風呂のような中でのつらい仕事を、誰が引き受けてくれるか……」

弱った斉藤さんの頭に浮かんだのは、牛の放牧で美しい草原を取り戻した島根県大田市・三瓶山ろくの風景だった。「給料いらず、文句言わずで、牛は年中、草を食べてくれる。イノシシを追い払う効果もあるそうだと聞いて、これだと思った」

草刈りとイノシシの侵入防止の二役を担う、クリ園の放牧牛（島根県六日市町）

島根県の助成金を受け、牛の脱走を防ぐ電気柵を張った。イノシシよけも兼ねている。放牧には雌牛を使う。部外者に牛を買ってもらい、放牧するオーナー制にしたからだ。飼育は地元で引き受け、産んだ子牛の売却益がオーナーに入る仕組み。島根県益田市内や町内外の知り合いのサラリーマンが面白がり、出資してくれた。放牧牛は八頭に増えた。

慣れた牛は舌で巻き取るように草をはむ。速い。手間が省けた農家にやる気が戻り、収穫量も元に戻った。やぶは消え、イノシシやサルも姿を見せなくなった。

イノシシが自分より大きな牛の放牧地に近寄らない、という事例が近ごろ、各地から聞こえてくる。

山口県畜産試験場（美祢市）は今年から実験で、イノシシ被害の多発地帯に牛を放し、獣害抑止の効果を調べる。

配合飼料が感染源となりやすいＢＳＥ（牛海綿状脳症）騒動で飼料の自給が見直され、県内では耕作放棄で草地になった田畑に牛を放すケースが増えた。二〇〇一年度に八市町村で計九・一ヘクタールだった耕作放棄地での放牧は〇二年度は十七市町村、計二八・一ヘクタールと急増。同試験場は「イノシシよけ効果が分かれば、放牧牛は過疎、高齢化に悩む農村にとって頼もしい援軍」と期待する。

「害獣対策、オオカミ浮上」

かつて日本の森にはオオカミがすみ、シカやイノシシを捕食していた。天敵オオカミの復元で森の生態系バランスを戻し、獣害対策にも生かそうというアイデアが現実味を増している。ただ、絶滅してから既に百年近い。未知の大型獣を野に放つ不安が、行く手をさえぎっている。

オホーツク海に臨む観光の町、北海道東部の斜里町。知床国立公園内に残る大正時代の開拓地跡で、町は森林再生を進めている。約九〇〇ヘクタールの跡地は一九七〇年代、民間のリゾート開発に狙われた。危ぶんだ住民が町を巻き込み、二十年かけて買い取った。森では絶滅動物の復元もめざす。シマフクロウ、カワウソなど七種の候補に、オオカミの名前が含まれている。

「樹木だけじゃなく、生態系を丸ごと再現しないと、森がよみがえることになりませんから」。誇らしそうに説明していた町環境保全課の村上隆広さん（33）も、オオカミ復元の話に進むと、口調が少しよどむ。

町はオホーツク海の流氷や一〇〇〇メートル級の山並みなどの自然に恵まれ、年間百八十万人の観光客が訪れる。明治時代に滅び、見慣れないオオカミへの恐怖感が観光産業のあだにならないか、懸念がぬぐえないのだ。牧畜文化の欧州のおとぎ話で育った若い世代には、「オオカミ＝悪者」の見方が刷り込まれている。

一方で、地元では八〇年代から、エゾシカによる農林業被害が目立っている。ナラやニレの苗木を植えたそばから食いちぎる。畑の被害額は二〇〇二年度、町全域で約二千四百万円に上る。天敵のオオカミがエゾシカを減らしてくれれば、金網フェンスの設置や苗木の防護など獣害対策の手間は省ける。

町が森林再生構想を委託した、生態学者など専門委員六人がオオカミの復元案を持ち出したのもエゾシカの天敵効果も狙う一石二鳥の提案だった。

観光客の反応が気掛かりな町は「絶滅したオオカミまで、海外から輸入する必要があるかどうか……。まだ検討段階」と、慎重だ。

桑原さん方の運動場で、警戒して頭を下げ、鋭い視線を送るオオカミ（北海道標茶町）

「オオカミの餌は、イノシシやシカ。天敵の人間を襲う危険は、本能的に冒しませんよ」。東京農工大の丸山直樹教授（60）＝野生動物保護学＝は、習性への理解を訴える。一九九三年に日本オオカミ協会（約八百人）を創設し、国内で復元運動を進めている。

「肉食でも小さなキツネやイタチじゃ、シカやイノシシなど大型獣の天敵になれない」と丸山教授。近年の獣害は、オオカミを滅ぼし、森の生態ピラミッドの頂点を崩した結果と映る。

協会には、オオカミと暮らしている会員もいる。北海道標茶町の牧場地帯に住む、英会話講師桑原康生さん(41)。米国アラスカ州に留学し、オオカミのいる大自然に触れた。金網フェンスに囲われた約五〇〇〇平方メートルの運動場で、モンゴルや米国から輸入した十九頭の遠ぼえが聞こえる。九八年から自宅を開放し、オオカミに親しんでもらう体験学校を開いている。「オオカミを入れるなら、どんな動物なのか、習性を知ってもらうことから始めないと」と桑原さんは考えた。日本では、いきなり森に放さず、フェンスで山ごと囲ったような管理域での生態調査が必要と踏む。

オオカミ復元の先例が海外にある。四国の半分ほどの面積を誇る、米国北西部のイエローストーン国立公園。開拓時代の一九二〇年代に滅ぼしたオオカミの復元に向け、政府が九〇年代半ば、カナダから三十一頭を輸入した。約二百五十頭まで増加し、その一方で増え過ぎていたヘラジカが減るなどの効果が現れだした。人を襲う事故も起きていない。

斜里町の調査では、八八年に町内の面積一キロ四方に二頭だったエゾシカの生息密度が、九六年には十八頭に急増した。「オオカミ導入だけで抑えきれるかどうか……」。丸山教授たちはオオカミに希望をつなぐ一方で、現状を冷静に見つめる。牛など家畜を襲う可能性や人畜被害が起きた時の補償制度など、詰めるべき課題も多い。丸山教授は言う。「獣害の問題は、オオカミ任せじゃあ片付かない。本来の天敵、人間も頑張らないと」

害獣を狩ってくれるオオカミに、日本社会は信仰心さえ抱いた。その名残が岡山県久米町の貴布弥神社にある。境内の奥御前神社は「狼様」と呼ばれ、盗難よけの神としてまつられている。

「農家にとって米や野菜は、オオカミの力を借りてでも守りたいもんですからなぁ」。宮司の柳二郎さん（61）が和紙を差し出した。向き合う二頭のオオカミが刷ってあった。この守り札を竹の棒に挟み、田畑に立てる農家もあるという。

年末の大祭で、農家は一年間使い古した守り札を神社に持ち寄る。ここ数年、イノシシ被害に悩む県北部の鏡野町や大原町などから参拝客が増えている。

《日本のオオカミ》明治時代に乱獲や狂犬病の流行などで生息数が激減。本土や四国、九州にいたニホンオオカミ（体長約一四〇センチ）は一九〇五（明治三十八）年、北海道のエゾオオカミ（同約一六〇センチ）は一九〇〇年ごろを最後に、目撃例がない。いずれもユーラシア大陸に生息しているオオカミの亜種とみられている。復元運動では絶滅した種の復活と違い、遺伝子の似通った大陸オオカミを輸入する意味合いから「再導入」と呼ぶ場合もある。

剣が峰　農と集落守る自衛心

六十五歳以上の高齢者が六九パーセントを占め、最年少でも四十代という島根県邑智町の奥山集落。二十四戸で人口三十五人だから、独居が多い。イノシシやサルが出る山里で、数十枚

棚田を守り続ける奥山集落は高齢化率69パーセント。中国山地の農村は、剣が峰に立たされている（島根県邑智町）

の棚田をやっと守ってきた。

　集落でただ一人、町の害獣駆除班に加わっていた青木馨さん（72）は二年前、猟銃を置いた。神経痛などで山歩きがつらくなったせいもあるが、「後釜が三人できてな。一年生ばっかりじゃが」。家の縁側で青木さんがほほ笑む。地元農家三人が昨年、自衛用にわなの狩猟免許を取った。

　駆除班は市町村が組織する。ハンターの親ぼく団体である猟友会に班編成を頼る所が多い中、邑智町の班は珍しく、わなの免許さえ取れば新米でも、猟友会員でなくても入れる（銃は経験三年以上）。六十三人の班員の四分の一は非・猟友会員だ。

「過疎地の駆除は町全域で考え、取り組まないと無理。ハンターの縄張り意識は、壁になりがち」と町産業課。そう言う町も、二〇〇〇年に駆除体制を一新するまで、猟友会におんぶにだっこだった。

　イノシシの肉に脂が乗り、枝葉も落ちて撃ちやすい、そんな猟期の冬まで獲物を残したいのがハンター。だから、農家が仕掛けた箱わなを勝手に閉めたりする駆除班員も以前はいた。山田康司課長（54）は振り返る。「駆除班の会議なのに、猟期を延ばせとか、農家のわなはもう増やすなと、猟の立場から不平が出てきて。話が前に進まなかった」

矛盾は、まだあった。駆除したイノシシ一頭に六千円出す報奨金が年々増え、一九九九年度は総額四百四十万円と、当初予算の二倍を超えた。「目撃や被害は減っているのになぜ、捕獲数が増えるんだ……」。報奨金と引き換えのしっぽをよく見ると、長い冬毛のしっぽが夏に出てきたりしていた。

転機は二〇〇〇年度に訪れた。地方分権で、県がイノシシ駆除の許可権限を市町村に移したのだ。

「駆除は、農家が本気にならんと駄目。県も国も台所が大変で、助けちゃくれん」。町は、わなの免許を集落ごとで取るように呼びかけた。駆除のしっぽ確認もやめ、職員が山に登り、現場を確認するようにした。休日も待機し、多い日は四、五件の現場を回った。

農家の自衛心が高まり、町は獣害対策費を絞れるようになった。〇二年度は駆除報奨金に防除などの費用を合わせても四百二十万円と、九八年度の半分以下。〇三年度は、わな購入の補助予算も削った。

順調な成果の陰で、山田課長の心配は消えない。「人口は確実に減る。敵は町境の山からどんどん入り込むのにね」

人獣がせめぎ合う境界線は移ろいやすい。中国山地の山村、瀬戸内海の島々は日本列島に先立って、過疎と老いを深めていく。境界の風景は、どう変わっていくのだろうか。

イノシシトリビア

イノシシの生態をめぐる「げなげな話」の種は尽きない。よもやま話としては面白くても、根も葉もないうわさの類いに農家が振り回され、農作物被害につながる恐れもある。「猪変」取材時に見聞きした断片情報でも、その後、研究者の努力で真偽の判別がついたものがある。一部を紹介しておく。

▼嫌いなにおいや光、音がある？

近畿中国四国農業研究センターの江口祐輔上席研究員が、いの一番に挙げた世間の誤解は、イノシシよけの忌避材の効き目である。

連載でも、しょっぱなから「イノシシよけか、油臭い機械や光るＣＤ盤、鏡台など、思いついた廃品を並べた段々畑もある」（第一章）という光景が出てくる。

ホームセンターに行けば、鳥獣害に悩まされている家庭菜園のあるじや農家に向けた、さまざまな品が棚に並んでいる。ニンニクやワサビのエキス入りやクレオソート（消毒薬）入り、激辛の代名詞になったトウガラシの一種ハバネロ入りと、いかにも目や鼻を刺激しそうな売り込み文句である。通信販売の品には、肉食でイノシシを餌食にしそうなライオンやオオカミの尿、ヒョウのふんまで。

ところが、「効き目があるものは、まずないと踏んで手を出さない方が賢い」と江口さん。市販の忌避材をことごとく、実物のイノシシで試した上での結論らしい。クレオソートは寝転んで体になすり付け、オオカミの尿を染み込ませたわらなどは、しまいには平らげてしまったという。

わが身に危険なものか否かの判断力にたけているイノシシにとって、忌避材は警戒心を呼び起こす効果はあっても、一時的なものにすぎない。立ち止まらせる程度で、きびすを返させるまでには至らない。

「これなら嫌がるはず」という激辛や猛獣の体臭にしても、あくまで人間の感覚で、売り手が買い手にそう思い込ませているだけ。わらをもつかむ農家の心理につけ込んでいる、と受け取られても仕方ない。

▼海を渡る

第一章で「イノシシが海を泳ぎ渡るのはもう、瀬戸内海の常識と覚悟をした方がいい。本土から島へ、島から島へ。どの島もいつか、上陸されてしまうかもしれない」などと書いている。「何も好んで泳ぎ出すわけではない」と江口さん。海や河口を泳ぐ姿を目撃されるのが冬に集中していることを考え合わせると、「狩猟（期）との因果関係を疑うのが一番無理がない」とも。猟犬に追われ、逃げ場を失った揚げ句、死中に活を求めてドボン——というあたりの解釈が説得力に富む。

この「死中に活」説は紙面でも紹介したものの、猟師の間で有力だった「恋の波路」説も同時に並べている。「晩秋から冬場は繁殖期を控え、雄同士の争いが激しくなる時期でもある」「隣の島まで数百メートル離れたぐらいなら、雌のにおいをかぎつける」と。

瀬戸内海は潮の流れが速い。いくら泳ぐのが達者とはいえ、元の陸地に戻ろうとしても潮に流されよう。その結果、どこかの島の海岸に行き着く。雄だろうと雌だろうと流される所が同じなら、そこで繁殖が始まり、増え出すのは理の当然といえる。

泳ぐイノシシの目撃情報と、季節で変わる潮の環流ルートとを突き合わせれば、そうした傾向が裏付けられそうだ。

瀬戸内海では、猟期以外にも泳ぐイノシシが目撃されている。奈良大教授の高橋春成さんが、愛媛県松山市沖の中島や睦月島、神島で聞き取りをしたところ、猟期直前の十月から十一月、四月から五月にかけての目撃談が得られたという（二〇〇三～二〇〇五年）。

その要因について高橋さんは、季節を問わず高まっている捕獲圧を挙げる。猟期に加えて、島や本土の海沿いでもイノシシの被害対策として、春から夏にかけて有害鳥獣捕獲（駆除）が進む。とりわけ、逃げ場をなくそうと岬や半島に追い込んで捕る場合、「死中に活」説が有力とみている。

はやりのDNA鑑定で興味深いデータも得られている。中島で捕獲されたイノシシのDNA分析を岐阜大に依頼すると、四国四県では検出されていないタイプだったという。四国の対岸、つまり中国地方由来のルートが怪しいとにらんでいる。

中島で突然、イノシシによる農作物被害が出始めたのは二〇〇五年ごろという。いったいどこからやってきたのか――。高橋さんは、直線距離で一〇キロほど離れた、広島県最南端の倉橋島（呉市）を想定している。

▼鼻が利く

くくりわなで毎年何十頭、何百頭と獲物を仕留め、名人と呼ばれている猟師には両極端のタイプがいると、江口さんは言う。

一つは、においで人間の気配をさとられたら失敗するからと精進潔斎にいそしむタイプ。わなを仕掛ける一週間以上前から酒を断ち、風呂では石けんを使わずに湯浴みだけにとどめる。かと思えば、たばこをスパスパ吸いながら山に入っていく猟師がいる。

対極のような流儀で成果を上げている様子をそれぞれに伝えると、どちらとも「何も分かってない」と笑って首を振り、相手をこき下ろすのだという。

イノシシの目線からすれば双方ともあり得る話だ、というのが江口さんの見方である。どういうことかといえば、どちらも環境が変わらないようにしている点は共通している。喫煙しても年がら年中なら、それはそれで「普段通り」と受け取るという。

▼雪は苦手か

「苦手の雪が積もらない」（第一章）とか「イノシシは脚が短く、湿田や雪山は苦手のようだ」（第二章）と随所に出てくる。また、シシ垣についての項で「豪雪地帯でイノシシの生息地でなかった北海道や東北地方……」と触れている。

一九七八年に始まった環境庁（現・環境省）の分布調査から広まった誤解とみられる。阿武隈川以北にはいないと線引きされたのだが、現地を踏んでの調査ではなく、アンケートによる聞き取りであり、あくまで情報の「空白地帯」。

なぜ、そこが生息の北限ラインとなっているのか。地理学者があれやこれやと各種の資料を引っ張り出した揚げ句、「積雪三〇センチ以上の日が年間七十日以上あるエリア」とほぼ重なるとして、むりやり説明をつけたのが真相という。

地元の猟師などに聞けば、「青森でイノシシを捕る猟師を知ってるよ」「五〇センチほど積もった雪原をかき分けて突き進むイノシシを見たよ。とても追いつけないスピード」といった類いの話は枚挙にいとまがないらしい。

実際、江戸時代までは、雪深い東北地方の人々を困らせるほどすんでいた。

宇都宮大講師の小寺祐二さんによると、青森県の八戸で江戸時代中期の一七四九年に「猪飢饉」が起きている（『猪・鉄砲・安藤昌益』（いいだもも・農文協））。イノシシに農作物を食い荒らされ、多くの農民が命を落としたという。

「雪は、イノシシがすめない絶対条件ではない」と小寺さん。明治時代以降、人による山林開発や乱獲でイノシシは激減した。それがここ数年、「空白地帯」といわれてきた山形県などでも捕獲され始めている。すみかの森が回復しているエリアから、勢力を取り戻しつつあると考えた方がよさそうだ。

▼ミミズやヘビは好物？

イノシシはよく、日に六時間、七時間と飽きずに地面を掘り返す。「癒やしの時間じゃないかと思えるほど」（江口さん）で、もう夢中だそうだ。

その最中にたまたま、ミミズなどが出てきて口に入るから食べるだけで、決して好物というわけではない。飼育場で試しにミミズの山を置いてみたものの、待ってましたと食いつくどころか、ほぼ無視に近い状態だった。

休耕地などに生い茂るクズの根は、本当に好んで食べる。サワガニも大好物で、それまで一度も口にしたことがないウリ坊でさえ興味津々で、ぱくつくという。

「好物のヘビや昆虫が潜む石垣を崩し、段々畑は跡形もなかった」（第一章）というのも、どうやら怪しいらしい。ヘビには骨がある。ところが胃の中やふんを調べても、食べた痕跡が見つかったことはない。

▼地上一・一メートルの柵もジャンプ

江口さんの名前を世間に知らしめた実験の成果だが、「あれは、まずかった。私の責任」と本人は頭をかく。

最初に飛びついてきたテレビ局が、柵をひょいと跳び越す場面だけを繰り返して流した。知られざる獣の能力の一端を垣間見ることのできる、得難い映像には違いない。

だが、半面の「真実」が伝わらなかった。イノシシは実は、ジャンプすることをとても嫌がるというのだ。例の映像も、散々苦労した揚げ句にやっと撮れた場面だった。さもあろう。跳んだ先に何か、脚を痛めるものがあるかもしれない。命がけのジャンプとなりかねないのである。

それよりも、柵の下を何とかくぐろうと、すき間をしつこいほど探すのが普通の行動だそうだ。たとえ、それが駄目と分かっても、すぐに跳び越そうとするわけではなく、よじ登ろうとしたり、乗りかかったりするという。

軽々と柵を越える場面があまりにも強烈だっただけに、多くの農家にはその残像が焼き付いた。「あんなに跳ぶのだから」と不必要なほど高く、頑丈な柵で囲う人や、逆にお手上げと無力感に陥る人もいたという。以降の獣害研修会では、懸命に柵をくぐろうとするイノシシの映像も必ず見せるように心掛けている。

▼秋仔《あきご》

「秋仔を見た」。幼獣のウリ坊がなぜ、秋にいるのかと仰天する人は少なくない。連載でも

「春の出産期だけでなく、秋に生まれたウリ坊の目撃談が出始めた」（第三章）と、日本と同じ異変がフランスでも起きていることを伝えている。

これまで「雌イノシシは冬に身ごもり、春から夏に五〜六頭の子を産む」（第一章）とされてきたが、どうやら少しばかり見直しが必要のようだ。

「秋仔は、異変ではありませんよ」と小寺さん。二〇一〇年十月から約一年間、栃木県那珂川町の猪肉加工施設に持ち込まれた計百五十三頭の牙や歯の状態から、それぞれの出生時期を推定。すると、生まれている期間が高い頻度で、四月の中・下旬から十月下旬に及んでいることが分かった。

スイカのような、ウリ坊独特のしま模様は生後三カ月ほど残る。とすれば、晩秋や冬に見かけても、そう不思議ではなくなる。

小寺さんによると、牙や歯の調査データをさらに積み上げれば、イノシシがたくさん生まれた年と、あまり生まれなかった年も推定できるようになるかもしれないという。

終章　「猪変」その後

獣害の世紀をむかえて

「猪変」の取材班が「イノシシ博士」と呼んでいた一人で、今は亡き神崎伸夫・東京農工大助教授（当時）が予言めいた言葉を口にしたことがある。

「二十一世紀の日本は、獣害の世紀になりますよ」

第三章の欧州編で、現地調査に同道させてもらい、フランスとポーランドを巡っているさなかだった。

その口ですぐ、こうも言い添えた。「もっとも、日本社会の選択一つでは五年かそこらで問題に片が付くんですけどね」。食糧の国内自給を一切あきらめ、中山間地域の田畑をすべて打ち捨ててしまえば、獣害が悩みの種でなくなるという。ある種の反語だったのだろう。

十年以上たった今になって、ふと思い出したのは、岐路に差しかかっている時代のせいかもしれない。私たちの行く手に、環太平洋戦略的経済連携協定（ＴＰＰ）の論議や人口減少の圧力が立ちはだかっている。野生動物との攻防をこのまま続けるのかどうか、それ以前に闘い続けることができるのか否か――。どちらにしても、農山村や農業の在り方と獣害は切っても切り離せない。

イノシシ「半減」作戦

そうした議論などはどこ吹く風と、環境省や農水省の鼻息は荒い。二〇一三年末、「抜本的な鳥獣捕獲強化対策」なるものを打ち出した。日本にすむイノシシやニホンジカの数を二〇二三年度までの十年間で半分に減らしてみせるという。よくいえば野心的だが、力みすぎてはいないだろうか。

イノシシの数は、そもそも季節による増減の幅が大きい。春には出産で五頭前後を産む。冬には猟の獲物として狙われ、毎シーズンに十万頭を下らない数が全国で命を落としている。「多産短命」とも評される通りである。どの時点をもって生息数をはじくかで、「半減」という目標ラインも大きく変わってくる。

「捕獲強化対策」では、イノシシの生息数を八十八万頭（二〇一一年度）と推定している。ところが算出の根拠は、「捕獲数等の情報をもとに」としているだけで定かではない。

中国地方の五県が定めている、直近の「特定鳥獣保護管理計画」をめくってみる。人間とのあつれきを解消するためとはいえ、捕獲しすぎで野生動物を滅ぼしては元も子もない。どの辺りで釣り合いを取るか、都道府県ごとに定めておくのがこの計画の骨子である。

広島県版の計画に、こんなくだりが見える。「現状では生息数の推定及び適正な水準に設定するための指標となる信頼度の高い生息調査手法はない」

島根県版でも「イノシシについて科学的な見地から生息頭数を推定し又は適正生息頭数を算出する方法は確立されていない」と正直に記している。ほかの三県も、似たり寄ったりである。

県単位の数字が定かでないのに、なぜ日本全体の頭数をひねり出す必要があったのか。

農家の声に押された面もあるだろう。農作物の被害額はイノシシだけで年間五十億、六十億円に上る。「何とかしてくれ」との悲鳴を放っておけないのも、もちろん分かる。無理を押して数値目標を掲げれば、予算が付きやすい。世間の手前、格好がつくのだろう。

しかしながら、「特定鳥獣保護管理計画」を制度化し、その勘所として「科学的データに基づく」ことを求めてきたのは、ほかならぬ環境省ではなかったか。

近畿中国四国農業研究センターの上席研究員、江口祐輔さんは獣害対策の研修や講演会でしばしば、二つのグラフを持ち出す。

右肩上がりの折れ線グラフは、全国で一年間に有害捕獲したイノシシやシカといった獣類の頭数の推移である。片や、野生獣に田畑を荒らされた被害額を示す棒グラフは、凸凹が幾らか

イノシシの捕獲頭数と農作物の被害額

※環境省、農林水産省のデータから作成。
捕獲頭数は狩猟、有害捕獲（個体数調整）の合計

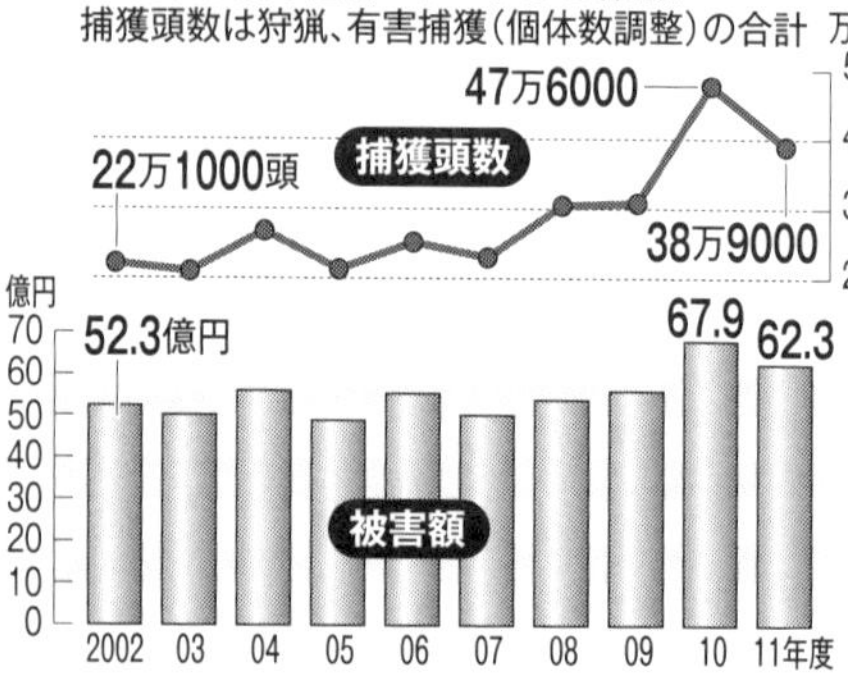

あるもののおおむね横ばいとなっている。

　捕れば被害が減るとはいえない実情が一目瞭然である。とりわけ二〇〇七年度から三年間では捕獲数が二倍以上に伸びているのに、被害額も右肩上がりである。捕れば捕るほど、結果として被害も増えている。

　実際、現場をよく知る人からは「数を捕れば片付くという問題ではない」との声が聞こえる。農作物の味を覚え、里山に居着いたイノシシこそが狙う相手との指摘である。奥山にいて、里には寄りついてもいない個体をいくら捕っても被害は減りはしない。捕獲の総数ではなく、問題個体の見極めが鍵だという認識こそ広く共有すべきだろう。

　にもかかわらず、国の対策はハンターの育成など、捕獲圧の増強にしゃかりきとなっている。「獣害」対策のはずが、いつの間にやら「害獣」対策にすり替わっているようだ。

　短期間に生息数を半減に追い込んだ場合、その種にどんな影響が起き得るのか。考察は欠かせまい。科学的な裏付けを持った、合理的な政策が打てるかどうかは、研究者の質とすそ野の

厚みにかかっているともいえる。

伴走者たち

ご存じの通り、イノシシはブタの先祖にあたる。人間に手なずけられた仲間が家畜となった。だから学名（Sus scrofa、ブタはSus scrofa domesticus）は同じである。

ところが、それぞれを研究対象としている人数には開きがある。ブタの専門家の方が大きく水を空け、その差はケタ違いもいいところなのだ。「猪変」を連載していた当時、博士号を持っていたイノシシの研究者は、日本でも指折り数えることができるほど。両手で足りた。

言い換えれば、それくらい生態がまだ謎に包まれた野生動物の一つだったのである。そんな相手を追いかける私たちの企画報道もまた、道なき道を行くことを余儀なくされた。「はじめに」でも少し書き及んだ通りである。

お遍路さんが先達に道案内を乞うように、取材班が頼りとしたのが、五人の「イノシシ博士」たちにほかならない。地道な研究で培った知識や経験を惜しげもなく話してくれる。企画の羅針盤づくりに欠かせない存在だった。連載のスタート後も何人かには、陰に日なたに伴走役を引き受けてもらった。

その一人が、近畿中国四国農業研究センターの江口祐輔さんである。

島根県大田市にある鳥獣害研究チームのスタッフで、専門は動物行動学の手法を使っての実証研究。イノシシが地上一・一メートルの柵を軽々跳び越す様子を映像に収め、当時テレビ局から引っ張りだこだった。

もう一人は、小寺祐二さん。

当時の肩書は、三十代前半にして島根県のイノシシ対策顧問だった。東京農工大の大学院生時代から調査で西中国山地に通い続けており、浜田市に移り住んで八年目。牙からイノシシの年齢を推し量る手法を研究していた。

加えて、取材の柱として当てにしたのが自治体の職員だった。被害者の農家に耳を傾け、一方では猟友会が主体の駆除班をなだめすかし、束ねていく。獣害対策の、いわば最前線にいる存在であるからだ。

連載の当時、市町村の多くは捕獲したイノシシ一頭当たり何千円、何万円という奨励金をつぎ込んでいた。火が付いたような、足元の獣害騒ぎを放っておけなかったのだろう。中には一頭十万円を張り込む所まであった。

だが、しょせん波及効果や次の施策展開がない、守りの行政課題でしかない。捕獲奨励金を「捨て金」と言いきる担当職員もいた。地域振興や定住にもつながる課題と受け止めている自治体は限られていた。

誤解を恐れずにいえば、鳥獣被害対策の担当部署は「ハズレ」のポストと受け止められていたのである。役場の人事は二、三年もすれば入れ替わる。ややこしそうな問題には手を付けず、前任者の通りにこなしてさえいれば異動になる……といったふうにしか見えない職員も少なからずいた。

そんな中でも歯を食いしばり、課題に立ち向かっている少数派がいた。孤軍奮闘しているからこそだろう、取材の趣旨を聞くと二つ返事で理解を示してくれた。

中国地方で随一の大河、江の川が町内を貫く島根県美郷町（当時は邑智町）役場の安田亮さんは、そんな一人だった。「猪変」全編の最終回で、取材班が選んだルポ地が美郷町である。

花形ポストともされる企画畑から二十九歳で獣害対策担当に回った安田さんも当初、「二年くらい辛抱すれば……」と思っていたらしい。波風立てずを旨とする、そんな役人根性を入れ替えたきっかけが面白い。脇道に少しそれるが、ぜひ書き留めておきたい。

捕獲奨励金を渡す「領収書」代わりとして、イノシシのしっぽを市町村の窓口に持ち込む方式がある。しっぽ確認と呼び、合併前の美郷町もそうだった。安田さんのもとにある日、季節外れの冬毛を蓄えたしっぽが持ち込まれたのだという。

奨励金の対象は、春から夏の駆除期間に捕らえたものに限られる。猟期の冬に仕留めた獲物のしっぽが紛れ込んでいるとしたら……。猟期明けの毎年三月になると、しっぽの持ち込み件数がはね上がる、不可解な現象も続いていた。説明が付かない事柄には、何か隠された裏がある。

それより何より、駆除頭数が増え、奨励金総額が当初予算の二倍ほどに膨らんでいた。町の台所にも火が付いたのだ。

折しも、有害鳥獣捕獲の権限が県から市町村に移されたのを機に、町は獣害対策を大幅に見直す。しっぽ確認をやめ、駆除の現場を職員が一つ一つ確認する方式に変え、休日も返上して山に入った。猟友会におんぶにだっこも同然だった駆除班を組み替え、農家が加わるメンバー構成とした。

獣害に泣き寝入りせず、何とかしたい農家が自ら立ち上がる――。この当事者起点が、問題の山を動かしていく。

農家が狩猟免許を取る。おりのような箱わなを裏山に仕掛けだす。すると、集落ぐるみで立ち向かう意識も出てくる。しだいに地域づくりの一環として、獣害対策をとらえる発想が根付いていった。

話を元に戻そう。

「猪変」連載後の江口さん、小寺さんの軌跡は、興味深い。期せずして獣害のまん延ぶりや研究者としての立ち位置など、さまざまなものを映し出している。

安田さんのいる美郷町はその後、捕獲したイノシシの肉の資源化に乗り出し、地域ブランド

「おおち山くじら」の産地として広く知られるまでになった。
ここからは三人を軸にして、この十年余りを振り返ってみる。

「現場」というやすり

「イノシシ博士」の江口さんと役場勤めの安田さんの二人には、同い年ということに加えてもう一つ、見逃せない共通点がある。
「猪変」連載から十年以上たっても、この二人だけが当時と変わらない部署で獣害対策に向き合っていたのだ。

研究者にしろ、役場職員にしろ四十代ともなれば、現場仕事を離れたがったとしても不思議ではない。知力はともかく、体力や気力の面で燃え立つものを見失いがちな年齢である。楽な方へと流されていくのは通り相場ともいえよう。

江口さんは母校の麻布大にいったん復帰。獣医学部の講師として丸五年、教壇に立ったのだが、再び元の鳥獣害研究チームに舞い戻った。本人は「禁断症状みたいなもんですかね」とはぐらかすのだが、話しぶりからは並々ならぬ現場へのこだわりが伝わってくる。

安田さんの方はなんと、産業課に籍を置いて既に十五年目という。小さくともキラリと光る地域ブランドづくりに、腰を据えて取り組みなさい――という歴代町長の特命あってのことなのだが、現場仕事から離れようとしない。本人は「私の性分ですから」と事もなげにいう。

禁断症状といい、性分といい、二人にそう言わせるものはいったい何なのか。

「現場」というやすりでこそ問題意識が磨かれる。そんな手応えがあるのかもしれない。獣害に遭い、途方に暮れる農家を前にして、自らに問い掛けてきたのだろう。わが仕事は、いったい誰のためのものなのか——と。

相通じ合う、いわば同志と認め合う二人は互いを巻き込みながら、さまざまな取り組みを美郷町で繰り広げてきた。

一九九九年度から三年がかりで、獣害対策の改革に取り掛かる。先にも少し触れたように、しっぽ確認で手渡ししていた捕獲奨励金を町職員による現場確認に変更↓農家自らが狩猟免許を取るように奨励↓猟友会頼みだった駆除班の再編成↓補助金漬けの獣害対策費の見直し——と立て続けだった。

つまりは「猟友会」「行政」「補助金」への依存こそが問題を長引かせる、ぬるま湯体質の元だと気付いたのだろう。

脱・補助金依存では、学校の教室くらいの面積がある囲いわなに対する助成制度をやめ、江口さんたち研究者の応援も得ながら、より扱いやすい箱わなの手作り講習や捕獲技術の勉強会に力を入れた。

その延長線で芽吹いたのが、有害捕獲した猪肉の資源化だった。

近年、「ジビエ」という言葉を耳にするようになった。有害捕獲したイノシシの活用策として吹聴されており、霞が関あたりも音頭を取っている節がある。

ジビエはフランス語で、狩猟の対象となり、肉が食用となる野生の鳥獣を意味する。「目には青葉山ほととぎす初鰹」（山口素堂）と旬のものを日本で珍重するように、かの国でも狩猟シーズンの到来を告げる味の風物詩なのである。

つまり、ジビエは秋から冬にかけての猟期の恵み。冬場には猪肉の良しあしを分ける脂がたっぷり乗ってくる。春や夏の捕獲期の、脂肪が落ちた肉とは別物なのである。違いをわきまえず、ごちゃ混ぜにするかのような昨今のジビエ賛美の風潮は、いかにも売らんかなの根性が透けて見える。

災いを転じて

その点、美郷町は対極にある。

捕獲期の夏場は気温が高く、腐敗が進みやすい。においの元となる血液の処理や解体、冷蔵といった作業は素早さが決め手で、おいそれとはいかない。猟師の間で「夏イノシシ」と呼ばれ、長らく不人気をかこっていた。

その夏イノシシに、逆転の発想で目を付けたのが美郷町だった。「脂肪が少ないということは、ヘルシー志向の時代に合うのではないか」と考えたのである。

安田さんたちは今、新たな流通ルートの開拓にも取り組んでいる。ウリ坊だ。

イノシシは母系社会で、ウリ坊はいつも母親と連れ立っている。人間と違ってわが身が大事の母イノシシは、決してわが子の先には立とうとしない。危ない橋を渡ろうとするのは、ウリ坊ということになる。

実際、箱わなや囲いわなには、ウリ坊だけが掛かっていることが珍しくない。美郷町では、捕獲したイノシシの六、七割をウリ坊が占め、始末に手を焼いていた。その肉質が軟らかく、面白い食材と西洋料理のシェフが目を付け、話が進んでいる。

美郷町のこれまでをたどり直すと、農家や猟師の悩みや困りごとをことごとく「宝の山」と変えていることに気付く。その場で考え、知恵を絞る。現場主義とは、つまりそういうことなのだろう。

江口さんが殊のほか好むのも、現場で生まれた知恵である。ちょっとした工夫や発見の小話が面白ければ、小難しい研究の話も農家はすっと受け入れてくれる。

「ワイヤメッシュには裏表がある」という小話はヒット作の一つらしい。ホームセンターでも売っている鋼鉄製の金網で、侵入防止用に田畑に巡らせる柵のことである。イノシシの口の格好からすると、格子状に組まれている金網の、垂直方向の鉄線よりも水平方向の鉄線の方がくわえやすい。くわえると、習性で前の方には決して押さず、必ず引っ張ろうとする。その場合、格子が交わる部分で垂直方向の鉄線が手前にあれば支柱代わりにもなり、水平方向の鉄線は引きちぎりにくい。イノシシにとっては邪魔くさく、侵入をてこずらせることになる。

被害農地で引き倒されたワイヤメッシュを幾つも見て回るうち、共通点に気が付いた。そんな話に引き込まれ、「ほお、なるほど」と農家の顔がほころんでいく瞬間がたまらないらしい。

江口さんが籍を置く近畿中国四国農業研究センターは二〇一三年七月、野生動物の獣害対策をテーマに美郷町と研究協定を結んでいる。全国に先駆けた動きである。

調印式には、立会人として十人余りの町民が最前列に招かれていた。聞けば、地元婦人会の面々らしい。調印書類を挟む、イノシシの革製カバーは彼女たちのお手製だった。

美郷町は十数年来、獣害対策の実証フィールドを引き受けてきた。農研センター直属で、隣の大田市にある鳥獣害研究チームが一にも二にも現場で実際に役立つ研究を心掛けてきたからである。

ワイヤメッシュの上部を手前に折り返す「忍び返し」が有効なこと、牧草地や道路の「のり面」が冬場をしのぐ餌になってしまうこと……。科学的データに基づき、対策の勘所を惜しみなく伝える研究員にほだされ、農家も自ら勉強し、集落ぐるみで応えてきた。

そのおかげか、「ハエを追うような」有害捕獲にばかり目をくれず、何よりまずイノシシを近寄らせない環境づくりに力を注いできた。箱わなに入った獲物は食用や皮革加工に回し、地域経済にもつなげてきた。

人材にせよ知恵にせよ、地域にあるものをまず生かしきる。補助金に頼らず、自主自立の道を切り開いてきた美郷流の地域哲学は、研究者との協働がもたらしたともいえる。

ここで、もう一人の名前を挙げておくべきだろう。二〇一〇年まで鳥獣害研究チーム長だった井上雅央さんである。

江口さんは、麻布大に戻っていた頃、獣害対策を勉強している学生を現場実習で一週間ほど井上さんに預けていた。こんがり日焼けして戻ってきた教え子に現地での様子を聞くと、「毎日、朝から晩まで畑仕事の繰り返しだった」と言う。かといって、そのことにぐちをこぼすわけではない。実習の最後に、こんな言葉をもらったからだ。

「極端にいえば、学生は二十四時間ずっと、鳥獣害の問題にかかりっきりになれる。でも、農家の皆さんはどうだろう。君たちはわずか一週間の体験だったけど、農家さんはずっと野良仕事に追われ、鳥獣害のことに考えを巡らす時間も心のゆとりも限られる。そんな環境にいる人々が『よし、やろう』と腰を上げる気になれるような対策を考え抜きなさい」と。

地域相手の調査や研究が、「される」側にとって本当に役立つのか。そんな自問自答を忘れない研究者がどれほどいるのだろう。

調査「する」側にありがちな上から目線を、民俗学者の宮本常一は「調査地被害」として戒めている。そして、三つの心掛けを書き残している。「他人に迷惑を掛けないこと」「出しゃばらないこと」、もう一つは「他人の喜びを喜び合えること」である。

例の調印式で、報道陣から「目に見える研究成果は」と問われた江口さんは「美郷町の皆さんが獣害対策に、笑顔で向き合えていること。研究者にとっても、それは何よりの励みです」と答えている。まさに「他人の喜びを喜び合え」ている証しだろう。

抱える難題に地元の住民がうつむかず、立ち向かっていくために物心両面で支えとなれるかどうか。調査を「する」側は、地域との深いコミュニケーションをおろそかにすべきではないのだろう。笑顔は、バロメーターとなるのかもしれない。

獣害の研究者と被害農家とが、こうした関係を結び合える島根県美郷町のような地域が全国に広がれば――と願ってやまない。

まず「守り」から

そんな島根県がイノシシによる農作物被害に全国で最も悩まされ、「猪変」取材に私たちも取り掛かっていた二〇〇二年ごろ。県西部の浜田市を拠点に、イノシシの生態調査を続けている若手研究者がいた。それが当時三十二歳の小寺祐二さんだった。

「相手を知らずして、被害対策は打てませんからね」。事もなげに言い、軽ワゴン車を駆って山々へ。発信機を取り付けたイノシシを追跡したり、木に胴体をこすりつけた痕跡や足跡から獣道をたどったり。彼らは何を餌にし、どこをねぐらに選んでいるのか……。

徹底した現地密着型の研究から導かれる情報やアドバイスは、獣害にお手上げ状態の農家にとっても、取材する私たちにとっても大きな心の支えだった。

そのエネルギッシュさが、十年余りたっても変わらないようにみえる。小寺さんは、宇都宮大（栃木県宇都宮市）の「雑草と里山の科学教育センター」で講師を務めている。

聞けば、二〇〇三年から島根県中山間地域研究センターや近畿中国四国農業研究センターの鳥獣害研究チームで調査を続けた後、九州へと転じたという。〇六年から四年間、長崎県から鳥獣対策専門員の嘱託を受けた。

赴く先には必ずといっていいほど、深刻な獣害が横たわっている。島根がそうだったし、長崎も鳥獣による県内の農作物被害額が〇四年度に八億円台を突破し、慌てて招いたのが小寺さんだった。

着任した長崎では、真っ先に訴えたそうだ。「捕獲一辺倒では、イノシシに太刀打ちできません。その前にすることがあるんです」。毎日のように回った集落でも、市町村の担当職員や農家が集まる研修会でも口を酸っぱくして、入り込ませない農地をつくる防護対策の必要を説いた。

ところが、である。長崎で捕獲されるイノシシの数は皮肉なことに、小寺さんが着任した〇六年度から全国トップを独走し始めた。環境省の鳥獣関係統計によると、直近の二〇一一年度で約四万二千頭。国内全体の捕獲数の実に一割強を占める。二位の広島県の二倍という多さである。

丹誠込めて育てた作物を食い荒らされる。業を煮やすあまり、強硬策に飛びつきたくなるのだろう。「頼むから、捕ってくれ」。農家の悲痛な声は、やまなかった。そんな声をなだめるどころか、議員たちは音頭を取る。その輪唱に、県も市町村もなびいてしまう――というのが実情だった。

折から、追い風も吹いていた。二〇〇七年末の国会で成立した、議員立法の鳥獣被害防止特措法はその一つである。イノシシやニホンジカの捕獲強化をうたい、一時は自衛隊の手を借りての駆除まで検討課題に挙がった。市町村が被害防止計画を作れば、国が財政支援をするという仕組み。捕獲はもとより、捕まえた鳥獣の食肉利用や防護柵の設置費に全国で毎年百億円以上が投じられるようになった。

長崎は日本一の捕獲数に達しながら、農作物の被害額は県全体としては高止まり状態が続いた。少数派ではあるが、獣害対策の本道を歩んだ地域は思うような効果を上げたという。ほかでもない、井上さんや江口さんたちと一緒に編み出してきた心得のおかげである。

どんなノウハウを手ほどきしてきたのか、ここで紹介しておこう。

柱は大きく分けて三つある。具体的な対策の中身もさることながら、進める順番が大切なのだという。

①集落の耕作環境を整える（イノシシが身を隠しやすいやぶを刈る、間引いた農作物を田畑に放置しない）

②田畑の防護（ワイヤメッシュや電気柵を張る）

③捕獲する

まず何より、集落とその周辺で耕作環境の点検から始める。イノシシが身を潜めやすい場所や移動ルートを一つ一つチェックする。実が残ったままのクリやカキの木や間引き菜といった、引き寄せてしまう餌が放置されていないかどうかも見逃さない。さらに本気で守りたい田畑はどこなのかも確かめ、地図の上に落としていく。これが柵を張る時に役立ってくる。

集落点検に訪ねた先で時々、やぶに変わり果てている耕作放棄地まで取り込み、延々と張り巡らされた柵を見かけたという。これでは柵の管理や周辺の草刈りが行き届かず、イノシシに付け入るすきを与えてしまう。

集落に近づきやすくなる環境をなくす。田畑に柵を張り、守りを固める。それでも、なお被害が出るようなら、そこで初めて捕獲に踏み切る——。これが小寺さんの勧めた被害対策の手順である。いわく、集落の環境整備と田畑の防護をしっかりやれば、基本的に農作物の被害は防げる、と。

ただし、心得にはもう一つ、「降参して、もう何もしない」という第四の選択肢がある。人間の側が田畑を投げ出して全面撤退するなら、農作物を心配する必要がなくなる。被害額はすぐ、ゼロになる。この章の冒頭で紹介したのと同じ理屈である。

いまだに謎だらけ

望んでもいない全面撤退を余儀なくされ、イノシシに明け渡さざるを得なくなった土地がある。福島県の東京電力福島第一原発周辺。二〇一一年三月の原発事故で放射性物質にまみれ、農地としてよみがえるあてがなくなった。

そこで何が今、起きているか。事故の翌年、第一原発の二〇キロ圏内で環境省が行った野生動物の生息調査では、里に下りたイノシシの姿がほぼ全域で確認されている。ようやく復旧、復興へと向かいだした田畑を荒らしている。

「第四の選択肢」の先には、そうした姿も思い描いておかなければなるまい。

それが嫌なら、たとえ労力がかかろうと、本気で田畑を守る覚悟が求められる。集落の足並みもそろえば、相乗効果は上がる。当事者である農家たちが腹をくくり、集落と田畑の防護に当たることが先決である。

ところが現状では、先述した通り、被害対策の重心が捕獲へと大きく移っている。野生動物保護の政策も受け持つはずの国さえ、バランスを欠いているかのように映る。

環境省や農水省の統計を繰ってみると、「猪変」取材時の二〇〇二年度に全国で約二十二万頭だったイノシシの捕獲数は、二〇一一年度に約三十九万頭にまで増加。その間の被害額はというと、年間五十億～六十億円で代わり映えしない。

効果的な捕獲ができていないのか。それとも捕っても捕っても追いつかないほど、爆発的にイノシシが増えているのか。残念ながら、科学的にきちんと裏付けられた評価はまだ下されていない。

小寺さんは島根県内を駆けずり回っていた二〇〇五年夏、こんな調査データをつかんでいる。発信機をつけたイノシシを追跡したところ、一頭当たりの行動範囲はおよそ一〇〇ヘクタールだった。そのエリア内の決まったポイントに餌（押しつぶした乾燥トウモロコシ）をまくと、その給餌地点とねぐらとを単純に往復するようになり、行動面積が半分ほどに縮んだという。

つまり、まき餌で獲物を誘って捕る箱わなは、野生の個体が知らなかった「ごちそう」を教え、行動やその範囲を変えてしまいかねない。第二章でも指摘したように、箱わなの置き場所しだいでは、農作物が実っている田畑におびき寄せてしまう。被害を減らすどころか、逆に飛び火させ、火の手を広げてしまう危険性がある。

もちろん、それは可能性も示している。人里離れた森や奥山に餌をまけば、イノシシやシカを里に近寄らせないように足止めできるかもしれない。第三章でも、ポーランドとフランスの事を紹介した。害獣の栄養状態をよくし、かえって増殖を招く恐れもある対策だが、やり方次第では被害を抑える一定の効果があるというのが小寺さんの意見らしい。

「だからこそ、イノシシの生態をもっと究明していかないといけないんです。実態があやふやなままで被害対策を進めても、ミスマッチを招くだけだから」と言う。森の中をどう動き回り、何を食べ、栄養状態や繁殖の状況はどうなのか……。全国を見渡しても、こうした研究はまだ少ないという。

国内の大学や研究機関から時折、興味深い論文が報告されるそうだ。二〇〇八年に山梨県総合農業技術センターなどが発表した論文はその一つ。甲府盆地の北西部でイノシシの行動を丹念に追跡し、田畑の近くに居着いて農作物を食い荒らす個体と、山中を広く動き回って被害を出さない個体がいる実態を明らかにしている。

むろん、その地域ならではの地形や森の植生といった環境条件がイノシシの行動パターンを左右している可能性もある。研究者が情報やデータを持ち寄り、地域ごとの違いや共通点を確かめ合うことが被害対策を進める上でも不可欠というのが小寺さんの持論のようだ。

その点、森の中でのイノシシの行動は近年、鮮明な映像で捉えやすくなっている。自動撮影のカメラや機材の性能が進歩し、てのひらサイズに小型化され、値段も手ごろになった。赤外線センサーを付ければ、静止画像だけでなく、ハイビジョンの動画撮影もできる。小寺さんのカメラでは、好物のドングリを食べるシーンが撮れたそうだ。一粒ずつ口に入れてパリパリかんだ後、殻だけプッと吐き出していた。

人づくりが鍵

もう一つ、小寺さんが力を入れてきたのが人材の育成である。

長崎時代には、農業普及指導員や市町村の農政担当者に手ほどきした。研修で配ってきた冊子には理論やテクニックにとどまらず、「交渉術の基礎」という項目がある。獣害対策で期待されるリーダーとは、ファシリテーター（進行役）にあらず、ネゴシエーター（交渉役）にほかならないと断じている。なぜだろうか。

獣害対策につまずき、手をこまねいている集落に行くと、決まって耳にする恨み節があるという。「あいつがやったから、うまくいかなかった」。やり玉に挙がるのは、役場の担当者だったり、研修会などで知識を仕入れてきた地元の誰かだったりするという。

やるべきことを、かんで含めるように伝え、急がず慌てず、集落全体の合意を踏まえながら物事を進めていく。「手始めに、まず草刈りから」「あの辺りに柵を張ってみましょう」と農家を口説き、腰を上げてもらえるまで粘れる人材が欠かせない。

知識や経験が物を言う。「それに加えて、交渉術にたけた人が引っ張っていかないと根気のいる対策は続かない」と小寺さんは確信を込める。

現実には、巧みな交渉術で獣害対策をマネージメントできる人は全国を見渡しても乏しい。鳥獣被害防止特措法の潤沢な予算を人材育成にも回し、自治体で雇えないか――。そんな思いが強いようだ。それにも増して手薄なままの、イノシシの生態研究者の育成にも、と。

宇都宮大に赴任し、大学院生や住民を対象にした鳥獣害対策の人材育成プログラムを受け持ってきた。「被害対策のプロ」として地域を引っ張っていくリーダーづくりである。「ところが、ですね……」と苦笑いする。イノシシと人のあつれきがどうして、こうも深刻になったのかを振り返って話す時、思わず目が点になるケースがままあるという。

例えば、一九六〇年代の燃料革命。ガスや石油の利用が進み、薪や炭など昔ながらの林産資源を使わなくなり、里山に入らなくなった。そのことがイノシシのすみかを回復させた要因として考えられる。そう話すと若い受講生はなぜか、ポカンと、ふに落ちないという顔をしている。
「暖房といえば、もうエアコンの世代なんですよ。石油ストーブというもの自体がぴんと来ない」と小寺さん。「暮らしとイノシシの問題は深く関わっている。身の回りの生活環境に向き合うとともに、歴史をひもといてみる必要があるんです。そこから現代なりの、地に足の着いた対策が浮かんでくるはず」と話す。

国内では、イノシシの生態について学べる大学や指導者は限られている。「ひとりでも多く、若い研究者を育てることができるように力を注ぎたい」。小寺さんは二〇一五年春から宇都宮大で講義を受け持ち、学生たちの前に立つという。

イノシシとの闘いは、終息に向かうどころか、ほんの緒に就いたばかりのようだ。

農水省の事業として、二〇一三年春にまとめられた獣害対策の指南書「イノシシ被害対策の進め方」(同省のホームページ http://www.maff.go.jp/j/seisan/tyozyu/higai/h_manual2.html に掲載)では

「ジャンボジェット二機は買えない額である。それなのになぜ獣害がこれほど大きな問題となり、(中略)毎年多額の対策費用が支出されているのだろうか。それは、獣害による影響が農作物被害額だけでは判断できないからである」

この指南書の取りまとめの中心となったのは中央農業総合研究センター(茨城県)の上席研

五十億~六十億円と見積もられてきた農作物被害額について、こんなふうに書いている。

究員、仲谷淳さん。やはり「イノシシ博士」の一人である。

農作物被害額として計上されていない「損失」とは何か。

農家が申告をあきらめた被害を指している。掘り返された田畑の土手や庭を直すにも、手間や費用が掛かる。度重なる被害に耕作意欲をそがれてしまった、心理的ダメージも無視できない。これらを踏まえ、「獣害は農作物に対する被害と狭く考えず、地域社会に対する被害と考えることが必要」と説く。

仲谷さんは、こうも言う。「農業を、地域を、古里をどうするか。それくらいの視野と長い目で、獣害を捉え直さなければ。また、これまでの対策を検証する時期にもきている」と。九州のある県では、ここ数年の間に延べ四〇〇〇キロ以上にもわたる防護柵を農地に張り巡らしているという。

今世紀が「獣害の世紀」となるかどうか。

冒頭で紹介した「予言」の当否は、いうまでもなく人間側の考え方いかんにかかっている。イノシシの「天敵」であるべき人間がいま一度、その役目に向き合い、わがものとして引き受けることができるかどうか。新しい読者を得て、来し方行く末に思いをはせる一歩として、本書が役立つとしたら幸いである。

おわりに

「げなげな話」や謎に包まれた野生動物を追いかける取材が、瀬戸内海と中国山地という大きな舞台をまたにかける展開となっていった。先輩記者たちが代々、定点観測を続けてきた二つのフィールドを相手にする、そのスケール感はちょっとしたものだった。

それもこれも、中国新聞社の「チャレンジ制度」の後押しがなければ、ものには出来なかった。締め切りに追われるルーチンワークから外れ、思うがままのテーマで存分にやってみなさい——といった趣旨の社内公募である。夢のような時間と書けるスペースを与えてもらったことは、いま振り返っても本当にありがたい経験だった。

最後になったが、「イノシシ博士」たちはもとより、国内外にわたる取材で数多くの人々にお世話になった。感謝のほかに言葉がない。

広島市の安佐動物公園開園四十周年記念シンポジウム「かわいいだけでいいのか命をつたえる動物園」でご一緒した縁から「猪変」をウェブ上で読んでくださり、出版を編集者に勧めてくださった文筆家・イラストレーターの内澤旬子さん、単行本として読みやすい編集に心を砕いてくださった本の雑誌社の杉江由次さんにも、お礼を申し上げる。

二〇一四年冬

中国新聞「猪変」取材班

論説委員室　石丸賢

（連載当時は報道部）

防長本社　山本誉

（写真部）

文化部　林淳一郎

（報道部）

猪《い》変《へん》

二〇一五年二月十日　初版第一刷発行

編　者　中国新聞取材班
発行人　浜本茂
印　刷　中央精版印刷株式会社
発行所　株式会社 本の雑誌社
〒101-0051
東京都千代田区神田神保町1-37 友田三和ビル
電話　03(3295)1071
振替　00150-3-50378

定価はカバーに表示してあります
ISBN978-4-86011-266-0 C0095